CW00382314

www.tredition.de

Luc Wieners

Die Welt der kleinsten Teilchen

Einstieg in die Kernphysik

Luc Wieners, geb. 2002 in Frankfurt am Main,
Gymnasiast in Kassel,
Interessensgebiete: Mathematik, Physik, Chemie,
Astronomie

www.tredition.de

© 2016 Luc Wieners

Verlag: tredition GmbH, Hamburg

ISBN
Paperback: 978-3-7323-6844-0
Hardcover: 978-3-7323-6845-7

Printed in Germany

Inhalt

I. Einleitung

Die Kernphysik ist vielleicht nicht gerade das Erste, das einem einfällt, wenn man an die gemeine Physik denkt. Dennoch betrifft sie uns alle in verschiedenen Weisen: Immerhin bestehen wir alle und jede Sorte von Materie auf dieser Erde und auch im Weltraum aus einigen bestimmten Sorten von Teilchen. Diese Teilchen können sich aber verbinden und untereinander agieren, sodass daraus komplexe Organismen wie der Mensch geschaffen werden können. Doch letztendlich besteht alles – von einem Staubkorn bis zur gesamten Erde – aus ein paar Dutzend Grundbausteinen (genannt Elementarteilchen). Und mit diesen und ihren Verbindungen und ihrem Verhalten beschäftigt sich die Kernphysik.

Außerdem wird ein nicht kleiner Teil unserer Energie, die wir täglich nutzen, durch die Kernspaltung, also einem Gebiet der Kernphysik, in Atomkraftwerken erzeugt. Und gegen genau diese Art der Energiegewinnung protestieren viele Menschen, da sie viele Nachteile hat. Diese Nachteile sind z. B. Störfälle, wie in Tschernobyl und Fukushima, und das radioaktive Material, das für die Energiegewinnung nötig ist.

Die Kernphysik birgt natürlich noch viele andere spannende und auch die heutige Zeit betreffende Themen. Neben dem Bereich „Kernphysik" hört man auch öfter von einem ganz ähnlichen Thema – der „Atomphysik". Diese Begriffe bezeichnen dennoch nicht dasselbe Unterthema der Physik: Der wesentliche Unterschied ist eigentlich schon am Namen erkennbar.

Hierzu muss der allgemeine Aufbau eines Atoms – das ein elementarer Baustein in der Kern- und Atomphysik ist – klar gemacht werden: Ein Atom setzt sich nämlich aus zwei verschiedenen Bestandteilen zusammen, die Kern und Hülle heißen (mehr dazu in dem nächsten Kapitel).

Die *Kern*physik beschäftigt sich hauptsächlich mit dem Atomkern und auch mit dem Verhalten, Aufbau usw. von diesem. Die Atomphysik hingegen befasst sich mit der Atomhülle und auch mit dem gesamten Atom und dessen Verhalten. Der Unterschied ist zwar nur fein, aber dennoch schafft er zwei unterschiedliche Bereiche, die nicht zu verwechseln sind.

In diesem Buch geht es aber nicht ausschließlich um die Kernphysik. Auch Inhalte der Atomphysik werden hier aufgenommen (besonders im ersten Hauptkapitel). Dennoch wird die Kernphysik gegenüber der Atomphysik priorisiert.

Kommen wir nun zu dem Konzept dieses Buches. Es richtet sich hauptsächlich an Anfänger in diesem Gebiet. Schließlich gibt es viel Fachliteratur zu diesem Themenkomplex; diese ist aber oftmals nicht einfach für Einsteiger zu lesen, da hierfür viel Hintergrundwissen verlangt wird. Sich dieses Wissen anzueignen ist meistens mühsam – das allerdings will dieses Buch verhindern.

In dem Buch werden viele interessante Themen der Kernphysik behandelt, aber hierbei werden für Einsteiger alle Zusammenhänge erklärt. Auch für Personen ohne physikalisches Grundwissen ist dieses Buch gut verständlich. Nach diesem Buch sollte man also viele hilfreiche Einblicke in die Kernphysik und verwandte Themenbereiche bekommen haben und diese Themen besser verstehen.

Hierfür gliedert sich das Buch in fünf Hauptkapitel:

- I. Einleitung
- II. Das Atom und sein Aufbau
- III. Die Radioaktivität und ihre Folgen
- IV. Die Kernspaltung und ihre Nutzung
- V. Nachwort

Gehen wir die Kapitel zum besseren Verständnis einmal durch. Beginnen wir mit „Das Atom und sein Aufbau". In diesem Kapitel geht es hauptsächlich um den Aufbau von verschiedenen Arten von Teilchen. Wir werden dort viel grundlegendes Wissen erfahren, das für die folgenden Kapitel wichtig ist. Außerdem beschäftigen wir uns mit der Ordnung von Teilchen nach Elementen und Isotopen (II. 3.). Zusätzliches Hintergrundwissen gibt es besonders in den Kapiteln über die Geschichte des Atommodells (II. 2.) und die Elementarteilchen (II. 5.): Diese Kapitel sind gewissermaßen Exkurse in andere Themengebiete. Das erste Kapitel handelt nicht nur von der Kernphysik, sondern auch oft von der Atomphysik. Dies ist allerdings für das Verständnis der anderen Kapitel notwendig. Folglich liefert das erste Kapitel einen Einstieg, der sich hauptsächlich mit dem Aufbau der Materie beschäftigt.

In dem zweiten Hauptkapitel kommen wir zu einem typischen Bereich in der Kernphysik: der Radioaktivität. Schließlich beschäftigt sich die Kernphysik nicht nur mit dem Aufbau des Atomkerns, sondern auch besonders mit dessen Verhalten. Und genau das ist die Radioaktivität. Wir werden uns mit den Strahlungsarten (III. 2.) und Kernumwandlungen (III. 3.) beschäftigen – typischen Themen der Kernphysik. Auch in dieses Thema eingebettet sind zur Radioaktivität zugehörige Themen, wie beispielsweise die Halbwertszeit, die Aktivität und die Zerfallsreihen. In diesem Kapitel werden wir uns zudem mit der Strahlung an sich beschäftigen. Dies geschieht in den Kapiteln Nachweis von Strahlung (III. 8.) und Strahlenbelastung (III. 9.). Außerdem gibt es Exkurse zu den Themen Nuklearmedizin (III. 10.) und radioaktive Elemente und Isotope (III. 1.). In dem umfangreichen dritten Kapitel geht es also um die Radioaktivität und auch um andere kernphysikalische Vorgänge.

Das dritte große Kapitel beschäftigt sich mit der Kernspaltung – einem in der Kernphysik auch sehr wichtigen Thema. Hier befassen wir uns mit den verschiedenen Formen der Kernspaltung und werfen natürlich auch einen Blick auf das schon erwähnte Atomkraftwerk, welches Energie mit Hilfe dieses Vorgangs produziert, und dessen Nachteile (III. 4.). Außerdem wird der Massendefekt erläutert (III. 5.) und abschließend kommen wir zu der Kernfusion (III. 6.). Somit bietet auch das letzte Kapitel interessante Einblicke.

Im Anschluss an das Nachwort (V.) findet sich eine Formelsammlung, in der die wichtigsten Formeln und andere Informationen aufgeführt sind. Das Literaturverzeichnis enthält einige Literaturhinweise, die den Leser auch interessieren könnten. Es handelt sich hierbei sowohl um Basiswerke aus dem gesamten Spektrum der Physik als auch um spezifische, weiterführende Literatur.

Soweit zum Inhalt. Zusammenfassend hat das Buch das Ziel, den Einstieg in das Thema „Kernphysik" zu erleichtern. Durch dieses Buch soll das Grundwissen zur Kernphysik vermittelt werden, aber es soll auch interessante Einblicke geben, die das Thema etwas auflockern.

Außerdem befindet sich am Ende eines jeden Kapitels ein Merksatz. Dieser fasst die wichtigsten Aspekte des Kapitels noch einmal kurz zusammen. Dies ist beispielsweise hilfreich, wenn man sich nicht mehr genau an die letzten Kapitel erinnern kann – durch die Merksätze wird der Inhalt schnell wieder präsent.

„Die Welt der kleinsten Teilchen" liefert wichtige Informationen und macht damit weiterführende Literatur verständlicher. Die in dem Buch präsentierten Exkurse liefern zusätzliche Eindrücke und Anregungen.

Beginnen wir nun nach der Einleitung mit dem ersten Hauptkapitel „Das Atom und sein Aufbau". Hier beschäftigen wir uns mit der Materie und werden viele Grundlagen kennenlernen.

II. Das Atom und sein Aufbau

Das Atom ist, besonders in der Atom- und Kernphysik, wie der Name schon sagt, ein sehr bedeutsames Teilchen. Schon die alten Griechen erkannten, dass es ein Teilchen geben musste, aus dem sich alles zusammensetzt. Dieses Teilchen nannten sie und nennen wir bis heute Atom (von griech. ἄτομος, átomos: unteilbar). Allerdings muss man bedenken, dass das Atom in Wirklichkeit nicht unteilbar (also kein Elementarteilchen) ist und sich die Griechen bei ihrer Vermutung, dass es unteilbar sei, irrten. Das Atom ist nämlich in Wirklichkeit ein komplexes Gebilde, das aus mehreren Sorten von Teilchen besteht, die zum Teil selbst wiederum aus anderen Teilchen zusammengesetzt sind.

Abb. II. 1: Ein Atom (schematisch).

Das klingt natürlich erstmal kompliziert. Allerdings behält das Atom im Normalfall seinen Aufbau bei, was die Sache einfacher macht. Somit kann man das Atom als Grundlage für Modelle nutzen, indem man die Tatsache, dass es zusammengesetzt ist, einfach ignoriert. So wird das Atom in der Physik und Chemie als weit verbreitete Grundlage genutzt.
Im Teilchenmodell der Physik z. B. sind die dort verwen-

deten Teilchen Atome (oder Moleküle, d. h. Verbindungen aus Atomen). Mit Hilfe dieses Modells kann man einiges leichter erklären; beispielsweise die Aggregatzustände: Bei dem Aggregatzustand „fest" liegen die Atome fest verbunden nebeneinander, bei „flüssig" haben sie noch Bindung, können sich aber schon bewegen und bei „gasförmig" fliegen die Teilchen ohne Bindung zueinander umher.

All das beweist, dass das Atom gut als Grundlage für Überlegungen genutzt werden kann. Will man sich aber genauer mit den Themen Atom- und Kernphysik beschäftigen, so kann man das Atom nicht nur von außen betrachten, sondern muss sich eher mit seinem Aufbau und mit den Vorgängen, die in ihm geschehen, beschäftigen. Das Atom hat nämlich einen interessanten Aufbau, kann Teilchen aussenden oder auffangen und letztendlich sogar gespalten werden.

In diesem ersten Kapitel beschäftigen wir uns aber zuerst einmal mit dem Aufbau des Atoms, da dieser sehr wichtig ist. Er ist nämlich die Grundlage für alle weiteren Vorgänge, die im Atom geschehen und entscheidend, wenn man das Atom voll und ganz verstehen will.

II. 1. Nukleonen und Elektronen

In dem ersten Teil des Hauptkapitels beschäftigen wir uns mit den grundlegenden Teilchen des Atoms. Außerdem sehen wir uns an, wie das Atom gegliedert ist und wo sich die eben erwähnten Teilchen befinden.

Zuerst einmal zu der Gliederung des Atoms: Gewöhnlich gliedert man das Atom in die Bereiche Atomkern und Atomhülle (wie schon in der Einleitung erwähnt). Dabei bcfindet sich der Atomkern in der Mitte dieses Gebildes aus Kern und Hülle des Atoms. Die Atomhülle wiederum liegt um den Atomkern und umschließt diesen.

Wenn man sich dieses Gebilde vorstellt, muss man allerdings auf das Größenverhältnis der beiden Teile Kern und Hülle achten, das in diesem Fall sehr extrem ist: Der Durchmesser des Atomkerns beträgt nämlich in etwa nur 1/10000 bis 1/100000 des Durchmesser der gesamten Atomhülle. Zur besseren Darstellung hier ein Beispiel: Wäre der Atomkern so groß wie eine Kirsche (in Wirklichkeit ist er natürlich sehr viel kleiner), hätte die Atomhülle in etwa die Größe eines Fußballplatzes. Tatsächlich ist der Atomkern aber nur etwa 10 fm und die Atomhülle 100000 fm groß. „Fm" steht für die Einheit Femtometer, welche so groß wie 10^{-15} Meter ist. Dieses Modell, welches das Atom in Kern und Hülle gliedert, heißt Kern-Hülle-Modell.

Nun kommen wir zu den Teilchen, aus denen das Atom zusammengesetzt ist. In dem Atomkern befinden sich zwei Arten von Teilchen. Sie werden Protonen bzw. Neutronen genannt. Beide Teilchen werden als Nukleonen bezeichnet (von lat. nucleus: Kern), da sie sich im Kern des Atoms befinden.

Die Größe der Nukleonen liegt etwa bei 1 fm. Die Protonen sind positiv geladen, während die Neutronen keine Ladung besitzen, d. h. neutral sind. In der Atomhülle befinden sich auch Teilchen. Sie heißen Elektronen (von altgriech. ἤλεκτρον, *élektron*: Bernstein, da an diesem Stein die Elektrizität und Ladung beobachtet wurde) und haben eine negative Elementarladung.

Die Elektronen kreisen auf Bahnen durch die Atomhülle. Protonen und Neutronen sind zusammengesetzte Teilchen; sie sind also keine Elementarteilchen, welche als einzige nicht zusammengesetzt sind. Die eben erwähnten Nukleonen bestehen nämlich aus Quarks, welche wiederum Elementarteichen sind (dazu mehr in Kapitel II. 5. Elementarteilchen). Die Elektronen hingegen sind Elementarteilchen; sie gehören der Gruppe der Leptonen an, die neben den Quarks eine Sorte von Elementarteilchen ist.

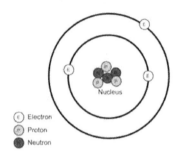

Abb. II. 2: Das Atom: Es unterteilt sich in Protonen und Neutronen in seinem Kern (den Nukleonen) und Elektronen in seiner Hülle.

Die Masse eines Protons unterscheidet sich kaum von der eines Neutrons. Die Nukleonen im Kern des Atoms haben also sehr ähnliche Massen. Die Masse eines Elektrons unterscheidet sich allerdings sehr von der eines Nukleons: Elektronen haben nämlich eine sehr geringe Masse; sie ist fast nur 1/2000 so groß wie die eines Nukleons (dazu mehr in Kapitel II. 4. Die atomare Masseneinheit). Das Elektron ist auch ungefähr tausendmal kleiner als ein Nukleon, so dass das Größenverhältnis zwischen einem Atom und einem Elektron sehr gewaltig ist.

Da sich aber alle Nukleonen im Kern und nur die wenig wiegenden Elektronen in der Hülle des Atoms befinden, ist in der Atomhülle viel weniger Masse als im Atomkern. Aus diesem Grund befindet sich von der gesamten Masse des Atoms mehr als 99,9% im Atomkern.

Trotz des großen Unterschiedes bezüglich ihrer Masse haben Protonen und Elektronen den gleichen Betrag an Ladung; allerdings ist die Ladung der Protonen wie schon gesagt positiv und die der Elektronen negativ ist. Die Einheit für die Ladung von solch kleinen Teilchen ist die

Elementarladung e. Das Proton hat somit eine Ladung von $+e$ und das Elektron eine von $-e$.

Das Interessante daran ist aber, dass immer gleich viele Elektronen wie Protonen in einem Atom vorkommen. In einem Sauerstoffatom z. B. kommen acht Protonen und acht Elektronen vor. Der Atomkern, in dem die Protonen sind, hat dementsprechend eine Ladung von $+8$ und die Atomhülle, in der die Elektronen vorkommen, eine von -8. Diese Ladungen der sich im Atom befindlichen Teilchen gleichen sich aus:

$+8 + (-8) = 0$
Ladung der Protonen + Ladung der Elektronen
= Ladungsgleichgewicht

Somit herrscht im neutralen Atom ein Ladungsgleichgewicht, das aus den sich ausgleichenden Ladungen hervorgeht. Die Neutronen, welche ja keine Elementarladung besitzen, beeinflussen diesen Vorgang nicht.

Ein Atom ist von außen betrachtet daher (in der Regel) immer ein neutrales Gebilde. Wenn man es jedoch von innen betrachtet, herrscht in seinem Kern eine positive und in der Hülle eine negative Ladung.

Man könnte vielleicht denken, es sei nicht wichtig, wie viele Teilchen von jeder Sorte im Atom vorhanden sind. Das ist aber nicht so, wie wir bereits festgestellt haben: Die Protonenzahl stimmt im neutralen Atom immer mit der Elektronenzahl überein. Die Protonenzahl hat auch einen Buchstaben, der sie beschreibt, nämlich das Z. Somit lässt sich folgende Gleichung aufstellen:
Im neutralen Atom gilt:

Protonenzahl (Z) = Elektronenzahl

Wie bereits erwähnt, ist der Kern des Atoms positiv und die Hülle negativ geladen. Oft berechnet man auch die Kernladung des Atoms. Das ist die Ladung, die nur im Atomkern herrscht. Sie muss also positiv sein und wird in

Elementarladungen (Symbol: e) angegeben. Die Elementarladung ist eine sehr kleine Einheit – das lässt sich auch damit beweisen, da wir wissen, dass ein Proton, als sehr kleines Teilchen, eine Elementarladung besitzt. Die Kernladungszahl entspricht immer der Anzahl der Protonen im Atomkern. Sie wird außerdem auch Ordnungszahl, Ladungszahl oder eben Protonenzahl genannt.

Nun kommen wir zu den Nukleonen: Die Protonenzahl hat als Symbol das Z, während für die Neutronenzahl das N als Symbol genutzt wird. Indem man diese beiden Zahlen zusammenzählt, erhält man die Massenzahl des Atoms. Für diese wird der Buchstabe A gebraucht. Somit lässt sich folgende Gleichung aufstellen:

Massenzahl = Protonenzahl + Neutronenzahl
$A = Z + N$

Dementsprechend kann man die Gleichung auch umstellen, wenn man nur über die Massen- und Protonenzahl oder die Massen- und Neutronenzahl verfügt:

Neutronenzahl = Massenzahl – Protonenzahl
$N = A - Z$

bzw.

Protonenzahl = Massenzahl – Neutronenzahl
$Z = A - N$

Mit diesen Gleichungen kann die Anzahl der verschiedenen Teilchen im Atom berechnet werden, wenn die Zahl einer Teilchensorte fehlt. Daher werden sie in der Atom- und Kernphysik oft verwendet.
Die Massen- und die Protonenzahl bestimmen außerdem, welchem Element bzw. Isotop ein Atom angehört, was auch sehr wichtig ist; aber damit befassen wir uns in Kapitel II. 3. Elemente und Isotope.

	Name	Abkürzung	Ladung
⊕	Proton	p⁺	+1
●	Neutron	n	0
•	Elektron	e⁻	-1

Abb. II. 3: Bestandteile des Atoms mit Abkürzung und Ladung.

Die Protonen im Kern des Atoms liegen im engsten Raum nebeneinander, während die Elektronen in der Hülle viel mehr Platz haben. Somit müssten sich die Protonen aufgrund ihrer positiven Elementarladungen eigentlich voneinander abstoßen. Bei den Elektronen wäre das nicht nötig, da sie viel Freiraum haben und sich ihre Ladungen somit viel geringer aufeinander auswirken. Im Atomkern ist es in etwa so, wie wenn man zwei Magnetenden, die beide ein Nordpol oder beide ein Südpol sind, ganz fest aneinander drücken würde.

Die Protonen im Kern stoßen sich also aufgrund einer Kraft, die als übrigens als Coulombkraft bezeichnet wird, voneinander ab. Aber der Kern des Atoms fliegt trotzdem nicht auseinander. Wie kann das sein? Es muss eine weitere Kraft geben, die die Coulombkraft aufhebt und die Protonen beisammen hält. Diese Kraft wird Bindungsenergie genannt und mit Hilfe dieser Kraft erzeugen Kernkraftwerke auch Strom. Aber die Bindungsenergie wird hier nur am Rande erwähnt, da wir uns mit ihr noch in Kapitel IV. 1. Die Bindungsenergie befassen.

Die Regeln über die Massenzahl A, die Kernladungszahl Z und die Neutronenzahl N basieren alle auf einem neutralen Atom. Also auf einem Atom, das im Ladungsgleichgewicht ist. Aber es gibt auch Atome, bei denen sich die Ladungen nicht ausgleichen, d. h. die positiv oder negativ sind; sie werden Ionen genannt.

→ Sind die Protonen im Atom in der Überzahl, ist das Atom positiv geladen; es wird als Kation bezeichnet.
→ Sind die Elektronen im Atom in der Überzahl, ist das Atom negativ geladen; es wird als Anion bezeichnet. Soweit erstmal zu den zwei verschiedenen Arten von Ionen. Die Ionen werden hier auch nur kurz erwähnt, da sie in der Atom- und Kernphysik gelegentlich auftauchen und man sie kennen sollte. Eigentlich sind Ionen eher ein Thema der Chemie, aber die Gebiete der Naturwissenschaften überschneiden sich immer wieder.

Merksatz: Das Atom ist ein neutral geladenes Teilchen, das sich aus einem Kern, der zwar klein ist, in dem sich aber 99,9% der Masse befindet, und der Hülle zusammensetzt.

In dem Kern befinden sich Protonen (Protonenzahl Z), die positive Elementarladungen haben und neutral geladene Neutronen (Neutronenzahl N, Summe der Nukleonen: Massenzahl A). In der Hülle des Atoms kursieren Elektronen auf Bahnen – die Elektronen gleichen die positive Ladung der Protonen aus, da sie negativ geladen sind.

Soweit erstmal zu dem grundlegenden Aufbau des Atoms. In den weiteren Teilen des Kapitels werden wir das Atom noch besser kennenlernen. In dem nächsten Teil des Kapitels geht es erstmal um Geschichtliches zu unserem Atommodell; wir beschäftigen uns unter anderem mit der Geschichte der Atom- und Kernphysik und unseren daraus resultierenden Atommodell(en).

II. 2. Unser Atommodell und seine Geschichte

In diesem Teil des Kapitels beschäftigen wir uns mit dem Atommodell und seiner Geschichte und Weiterentwicklung, da diese ebenfalls interessant und wichtig sind.

Schon die alten Griechen erkannten, dass es eine Sorte Teilchen geben musste, aus der sich alle Materie zusammensetzt. Da sie diese Teilchen Atome nannten (von griech. ἄτομος, átomos: unteilbar) und auch schon eine vage Vorstellung von ihrem Aussehen und Verhalten hatten, könnte man sagen, dass die alten Griechen das erste wirkliche Atommodell entwickelt hatten.

Besonders die griechischen Philosophen Leukipp (um 450 v. Chr.) und Demokrit (460–370 v. Chr.) werden als die Begründer dieses Atommodells bezeichnet.

Ihr Atommodell unterschied sich allerdings stark von den unseren, die heute genutzt werden (man gebraucht zurzeit nämlich mehrere Atommodelle; aber dazu später mehr). Leukipp und Demokrit erkannten jedoch schon, dass Materie wohl nicht endlos zerkleinert werden konnte: Ein großes Stück Holz konnte man z. B. in Bretter verarbeiten, die Bretter konnte man zu kleineren Holzstücken zerkleinern, diese konnte man wiederum zu Spänen verarbeiten. Allerdings muss man irgendwann zu einem Punkt kommen, wo es nicht mehr kleiner geht, zu Teilchen, die sich nicht mehr verkleinern lassen. Leukipp und Demokrit legten diesen Punkt fest und nannten die Teilchen Atome.

Ihre Vorstellung über Atome unterschied sich allerdings von der unseren: Leukipps und Demokrits Atome hatten vermutlich verschiedene Formen und bestanden aber trotzdem aus demselben Stoff. Außerdem waren ihre Atome unteilbar, was ja eigentlich auch logisch ist, da Atome ja für sie die kleinsten Teilchen sein sollten. Heutzutage sind Atome für uns allerdings nicht unteilbar. Unteilbar ist aus unserer Sicht nämlich nur eine Sorte von Teilchen: die Elementarteilchen. Diese sind nach unserem heutigen Wissensstand die kleinste Sorte von Teilchen. Somit ist der Name „Atom" für dieses Teilchen ein wenig unpassend.

Leukipp und Demokrit hatten allerdings als erste Wissenschaftler eine genauere Vorstellung von Materie und den Atomen. Außerdem war ihre Vorstellung sogar schon teilweise richtig.

Natürlich hat sich unser Atommodell noch mehrere Male weiterentwickelt, da das eben erwähnte Modell doch ziemlich primitiv war (Aber es ist trotzdem eine wichtige Grundlage!). Bis das Atommodell jedoch zum nächsten Mal aufgegriffen wurde, dauerte es noch sehr lange.

Das nächste bedeutende Atommodell wurde von Sir Joseph John Thomson (1856–1940) aufgestellt.

Durch seine Experimente konnte er im Jahr 1897 nachweisen, dass das Elektron wirklich existiert, wie George Stoney bereits 1874 vermutet hatte. Das Entdecken des Elektrons war damals natürlich ein wichtiger Schritt für die Atomphysik, da zum ersten Mal ein subatomares Teilchen, also ein Teilchen, das kleiner als ein Atom ist, entdeckt wurde.

Auf dieser Entdeckung basierend schuf Joseph Thomson 1903 ein neues Atommodell. Bei diesem Atommodell war das Atom vollständig mit positiv geladener Masse ausgefüllt – bis auf die neu entdeckten Elektronen. Diese befanden sich nämlich in dieser positiven Masse und glichen diese durch ihre negative Ladung wieder aus.

Das Thomsonsche Atommodell wird auch Plumpudding- oder Rosinenkuchenmodell bezeichnet. Dabei sind die negativen Elektronen „Rosinen" in der positiven Masse, welche der „Kuchen" ist.

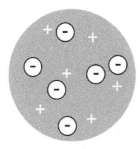

Abb. II. 4: Thomsonsches Atommodell bildlich dargestellt.

Im Thomsonschen Atommodell waren einzig die Elektronen für die Masse des Atoms verantwortlich. Der positiv geladene Rest hatte in diesem Modell also folglich keine Masse. Er hatte aber dennoch die gleich große Ladung wie die Elektronen in ihm. Außerdem war die positive Ladung für alles undurchdringbar – außer für die Elektronen, die ja in ihr waren. Da Elektronen aber, wie wir bereits wissen, eine sehr geringe Masse haben und trotzdem die ganze Masse des Atoms ausfüllen müssen, wären in einem Wasserstoffatom (also in einem sehr einfachen, kleinen Atom) schon über 1800 Elektronen nötig, damit die Masse, die ein Wasserstoffatom hat, ganz durch Elektronen gedeckt wäre.

Zusammenfassend kann man sagen, dass das Thomsonsche Atommodell zwar noch ausbaufähig, aber trotzdem eine gute Weiterentwicklung und Grundlage für nachfolgende Modelle war (vor allem, da subatomare Teilchen in ihm vorkamen). Aber natürlich fand man nach Thomson auch noch andere Atommodelle.

Als nächstes Atommodell folgte acht Jahre später (also 1911) das Rutherfordsche Atommodell, welches aus dem Rutherfordschen Streuversuch (siehe unten) hervorging. Dieses Atommodell beschreibt das Atom so, wie wir es heutzutage kennen, d. h. wir benutzen heute immer noch das Rutherfordsche Atommodell.

Allerdings haben wir nicht nur ein gängiges Atommodell, sondern mehrere. Das ist jedoch gar nicht so ungewöhnlich, wenn man versucht, sich so ein komplexes Gebilde wie das Atom vorzustellen. Das Rutherfordsche Atommodell ist aber neben dem Bohrschen Atommodell (siehe weiter unten) eines der heutzutage gängigsten Atommodelle.

Nun aber zu dem Rutherfordschen Atommodell: Dieses Atommodell ist eigentlich so, wie wir uns das Atom in Kapitel II. 1. vorgestellt haben. Das heißt das Atom besteht aus Kern und Hülle; im Kern befindet sich die positive Ladung (Protonen) auf engem Raum konzentriert und in der Hülle befinden sich die Elektronen (=negative Ladung) um den Atomkern verteilt. Somit befindet sich fast die gesamte Masse des Atoms im Atomkern. Die Elementarladungen der Protonen gleichen sich mit denen der Elektronen aus, so dass sich das Atom im Ladungsgleichgewicht befindet und von außen aus neutral erscheint.

Soweit zum Rutherfordschen Atommodell. Interessant ist allerdings auch der Rutherfordsche Streuversuch, da Ernest Rutherford durch die Erkenntnisse, die er bei diesem Versuch gewann, das eben erwähnte Atommodell schaffen konnte.

Beim Rutherfordschen Streuversuch überprüfte und erforschte Rutherford eigentlich das Thomsonsche Atommodell. Dazu beschoss er eine sehr dünne Goldfolie, die er vorher in eine Halterung eingespannt hatte mit Alphateilchen. Das sind bestimmte Teilchen, die aus zwei Protonen und zwei Neutronen bestehen. Im dritten Hauptkapitel werden wir sie noch genauer kennenlernen. Rutherford jedenfalls erwartete, dass diese Teilchen nahezu unabgelenkt durch die Goldfolie hindurchfliegen, da ein Atom ja laut dem Thomsonschen Atommodell hauptsächlich aus positiver Masse und nur einigen kleinen Elektronen in dieser bestand. Die Alphateilchen würden einfach durch die positive Masse hindurch fliegen und die leichten Elektronen würden keinen Einfluss auf die schweren Alphateilchen haben.

Es kam jedoch ganz anders als erwartet. Rutherford hatte einen Leuchtschirm um die Goldfolie platziert, der beim Auftreffen eines Alphateilchens einen Lichtblitz von sich gibt. Rutherford stellte wie vermutet fest, dass die meisten Alphateilchen die Folie ungehindert passierten. Allerdings registrierte Rutherford auch an ganz anderen Stellen Lichtblitze, so dass er daraus schloss, dass einige wenige Alphateilchen (ca. jedes 10000. Alphateilchen) in verschiedensten, teilweise sogar sehr extremen Winkeln abgelenkt wurden.

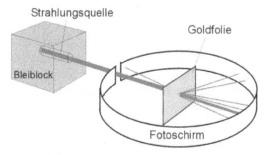

Abb. II. 5: Aufbau des Rutherfordschen Streuversuchs.

Aus diesen in dem Versuch gewonnenen Erkenntnissen schloss Rutherford, dass die Atome, wie bereits vermutet, durchdringlich und zum größten Teil leer sein müssen. Aufgrund der abgelenkten Alphateilchen wiederum vermutete er, dass sich im Zentrum des Atoms ein Kern befinden müsste, der für Teilchen nicht zu durchdringen war. Aus den teilweise sehr extrem veränderten Flugbahnen schloss Rutherford, dass der Kern sehr viel Masse beherbergen und eine große Dichte haben müsste. Diese Erkenntnisse sind, wie wir heutzutage bestätigen können, sehr wahrscheinlich richtig und führten zu der Entwicklung des heute noch gebräuchlichen Rutherfordschen Atommodell.

Im Jahr 1913, also nur zwei Jahre nach Rutherford, entwickelte Niels Bohr (1885–1962) mit dem Rutherfordschen Atommodell als Grundlage ein weiteres Atommodell, welches heutzutage immer noch gebraucht wird und als Bohrsches Atommodell bekannt ist.

Das Bohrsche Atommodell ist das erste, das die Elemente der Quantenmechanik berücksichtigt. Die Quantenmechanik ist ein Teil der modernen Physik und beschäftigt sich mit der Materie und ihren Eigenschaften und Gesetzmäßigkeiten. Um komplexere Phänomene zu beschreiben, wird sie oft in der Physik gebraucht. Niels Bohr jedenfalls erfand ein Atommodell von einem neuen Typ, da sich die vorherigen Atommodelle alle nach der klassischen Physik richteten.

Beim Bohrschen Atommodell kreisen die Elektronen auf festgelegten Bahnen um den Atomkern, und befinden sich nicht wie im Rutherfordschen Atommodell irgendwo. Dabei entsprechen die Bahnen bestimmten Energieniveaus, zwischen denen die Elektronen unter bestimmten Umständen wechseln können. Dieser Vorgang wird dann als Quantensprung bezeichnet.

Zusammenfassend kann man jedenfalls sagen, dass das Bohrsche Atommodell sehr von Bedeutung war, da es das erste war, das die Quantenmechanik berücksichtigte und damit als Grundlage für neue Überlegungen fungieren konnte.

Soweit vorerst zu unseren Atommodellen. Nach dem Bohrschen Atommodell folgten noch einige weitere Atommodelle, welche hier aber nicht erwähnt werden, da sie nicht allzu wichtig und da dieses Buch eher für Einsteiger ist, nicht so passend sind.

Wir konnten jedenfalls sehen, dass sich unser Atommodell immer weiter entwickelt hat, bis es sein jetziges Stadium erreichte. Und selbst noch heute wird in der Atom- und Kernphysik geforscht. Außerdem ist wichtig zu erwähnen, dass man nicht nur ein einziges Atommodell genutzt. Da jedes Atommodell einen anderen Aspekt besser berücksichtigt, wird eine ganze Liste von Atommodellen gebraucht. Um ein so komplexes Thema wie den Aufbau eines Atoms im Blick zu behalten, ist dies aber wahrscheinlich auch nötig.

Merksatz: Das Atommodell hat sich im Laufe der Zeit sehr stark weiterentwickelt. Leukipp und Demokrit entwickelten das erste; es folgte das Thomsonsche Atommodell und die heutzutage von uns verwendeten Atommodelle haben Rutherford und Bohr entworfen. Letztere Modelle stellen das Atom passend dar.

Nachdem wir uns jetzt ausgiebig mit den Atommodellen und ihren Geschichten befasst haben, beschäftigen wir uns im nächsten Teil mit den Elementen und Isotopen, welche dabei helfen, die verschiedenen Sorten von Atomen besser gliedern zu können.

II. 3. Elemente und Isotope

In diesem Teil des Kapitels beschäftigen wir uns mit zwei neuen Begriffen: den Elementen und den Isotopen. Diese Begriffe helfen uns, die Welt der Atome besser zu strukturieren.

Über die Teilchen im Atom sind uns einige Regelungen bekannt. Wir wissen z. B., dass die Protonenzahl im neutralen Atom immer gleich der Zahl der Elektronen ist. Außerdem wissen wir, dass die Massenzahl sich aus der Protonen- und der Neutronenzahl zusammensetzt. Unklar ist aber, wie viele Teilchen von jeder Sorte sich im

Atom befinden. Ist das in jedem Atom gleich oder unterscheiden sich die Atome in dieser Hinsicht?

Tatsächlich gibt es sehr viele Möglichkeiten, wie viele Teilchen ein Atom von jeder Sorte haben kann. Und die Eigenschaften eines Atoms sind bei jeder Möglichkeit des Aufbaus anders. Denn wenn ein Atom nur von einer Sorte Teilchen eines mehr hat als ein anderes, kann es gut möglich sein, dass es sich von diesem sehr unterscheidet. Dennoch ist es möglich auch verschiedene Atome in gewisse Gruppen zu unterteilen.

Und damit wären wir bei den Elementen und Isotopen. Diese sind nämlich die eben erwähnten Gruppen. Mit Hilfe der Elemente und Isotope kann man diese vielen unterschiedlichen Sorten von Atomen gut sortieren. Und da wir später noch mit vielen verschiedenen Arten von Atomen arbeiten werden, ist es wichtig, dass wir uns nun mit der Unterteilung der „Atomsorten" befassen. Aber der Reihe nach: zuerst einmal die Elemente.

Atome können ja unterschiedliche Protonenzahlen haben. Deshalb werden diese verschiedenen Sorten der Atome in Elemente gegliedert. Atome eines Elements haben also immer (sofern kein Ion vorliegt) dieselbe Anzahl Protonen in ihrem Kern (und somit auch dieselbe Anzahl Elektronen in ihrer Schale). Durch diese Ordnung kann man viel besser mit den Atomen arbeiten.

Jedes Element hat natürlich seinen eigenen Namen. So gibt es z. B. die Elemente Wasserstoff, Kohlenstoff, Sauerstoff, Magnesium, Eisen oder Gold, deren Namen uns vertraut vorkommen. Da diese Namen aber teilweise sehr lang sind, gibt es für jedes Element auch noch ein Kürzel, Elementsymbol genannt, das mit dem Namen des Elements fast gleichwertig ist, und auch an seiner Stelle verwendet werden darf. Es besteht aus einem, zwei und manchmal auch drei Buchstaben. Tatsächlich sieht man, dass dieses Elementsymbol – vor allem in der Chemie – sehr häufig anstelle des Namens verwendet wird.

Für die eben erwähnten Elemente lauten die Elementsymbole so: Wasserstoff: H (abgeleitet von lat. hydrogenium: „Wassererzeuger"); Kohlenstoff: C (abgeleitet von lat. carbo: „Holzkohle"); Sauerstoff: O (anderer Name für Sauerstoff: Oxygenium); Magnesium: Mg; Eisen: (abgeleitet von lat. ferrum): Fe; Gold (abgeleitet von lat. aurum): Au. Man sieht, dass sich die Elementsymbole oft von den lateinischen oder griechischen Wörtern für das Element ableiten. Häufig sind die Elementsymbole, wie bei Magnesium, aber auch im deutschen Wort für das Element enthalten.

Zudem hat jedes Element noch eine für sich spezifische Nummer. Diese ist immer so groß, wie die Protonenzahl des Elements hoch ist. Sie wird Ordnungszahl genannt und ist auch ein anderer Begriff für die uns ja schon bekannte Protonenzahl.

Für die eben erwähnten Elemente lauten die Ordnungszahlen so: Wasserstoff: 1; Kohlenstoff: 6; Sauerstoff: 8; Magnesium: 12; Eisen: 26; Gold: 79.

Oft wird die Ordnungszahl mit dem Elementsymbol verknüpft. Dabei wird die Ordnungszahl/Kernladungszahl Z unten links an das Elementsymbol geschrieben: $_1$H, $_6$C, $_8$O, $_{12}$Mg, $_{26}$Fe, $_{79}$Au.

In der Chemie gibt es das Periodensystem der Elemente (kurz PSE), in dem alle bekannten Elemente nach einem bestimmten System geordnet aufgeführt sind.

Im Periodensystem befinden sich sehr viele Elemente: Es gibt nämlich ein Element mit der Ordnungszahl 1 (Wasserstoff) und ein Element mit der Ordnungszahl 118 (Ununoctium) sowie alle Elemente mit den Ordnungszahlen dazwischen. Dementsprechend hat das Periodensystem derzeit 118 Elemente (allerdings werden oft auch wieder neue entdeckt).

Da 118 eine sehr hohe Zahl ist, hat jedes Element im PSE nur eine kleine Zelle, in der man einige Informationen über es findet. Um diese Zelle besser finden zu können gibt es im Periodensystem der Elemente mehrere Systeme nach denen die Elemente geordnet sind. Die Ordnung erfolgt z. B. so, dass die Elemente ihrer Ordnungszahl nach sortiert sind. So steht Wasserstoff mit der Ordnungszahl 1 ganz vorne bzw. oben im Periodensystem. Danach folgt das Element Helium an der 2. Stelle. Außerdem ist das PSE in Zeilen (Perioden genannt) und Spalten gegliedert, die teilweise unterschiedlich aussehen. Unterschiedlich aussehen müssen sie, damit die Elemente zusätzlich noch in Gruppen gegliedert werden können, in denen sich nur Elemente mit gleichen Eigenschaften befinden. Man sieht also, dass das Periodensystem der Elemente nach einem sehr genauen Prinzip angelegt wurde.

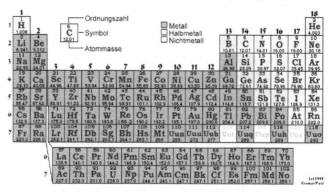

Abb. II. 6: Die Färbung des Periodensystems ergibt sich aus der Untergliederung der Elemente in Gruppen der Metalle: Metalle, Halbmetalle, Nichtmetalle. Das Periodensystem enthält nur die Elementsymbole, nicht jedoch die Elementnamen. Ein Element kann jedoch mit Hilfe der Ordnungszahl gefunden werden.

Die senkrechten angeordneten Zahlen (1 – 7) beschreiben die Perioden, während die waagerechten (1 – 18) die Elemente in Gruppen gliedern. Der Block darunter gehört eigentlich (wie gekennzeichnet) zwischen die zweite und dritte Spalte des Periodensystems.

Man könnte vielleicht denken, die Elemente des Periodensystems wären alle sehr ähnlich, aber das stimmt nicht. Jedes Element ist nämlich absolut einzigartig. Außerdem kommt jedes Element unterschiedlich häufig vor. So gibt es Elemente, die äußerst selten sind und welche, die man fast überall findet. Es gibt vielleicht ab und zu mal ein Element, das so ähnlich wie ein anderes ist, aber trotzdem kann man beide nicht wirklich miteinander vergleichen, da jedes Element einzigartige Eigenschaften hat.

So kommen einige eher als Gas und andere eher als Feststoff vor. Manche sind Metalle und manche wiederum nicht. Alle Element haben auch besondere „Fähigkeiten": Gold ist sehr begehrt, Eisen sehr praktisch, Sauerstoff brauchen wir zum Atmen und einige Elemente wie z. B. Fluor oder Chlor sind in elementarer Form sehr gefährlich für den Menschen (mehr zu den Elementen in Kapitel III. 1. Radioaktive Elemente und Isotope).

Unsere Welt besteht übrigens nur aus diesen 118 Elementen. Zugegebenermaßen ist auf unserer Welt vieles eine Verbindung, also eine Verknüpfung von zwei oder mehr Elementen, die dann wieder neue Eigenschaften haben kann, aber selbst diese bestehen ja letztendlich nur aus Elementen.

Atome werden aber nicht nur in Elemente gegliedert. Eine weitere Form der Gliederung sind die Nuklide oder wie sie auch unter bestimmten Bedingungen genannt werden: Isotope. Im Gegensatz zu den Elementen ist bei den Nukliden nicht nur die Kernladungszahl für die Bestimmung wichtig, sondern die gesamte Massenzahl des Atomkerns (Anzahl der Nukleonen). Folglich werden bei den Nukliden also sowohl die Protonen als auch die Neutronen berücksichtigt. Im Prinzip beschreibt ein Nuklid eine Sorte von Atomen, weshalb Nuklide auch als Atomsorten bezeichnet werden.

Es ist aber nicht so, dass bei den Nukliden nur die gesamte Summe der beiden Arten von Nukleonen zählt. Die Zusammensetzung ist ebenfalls wichtig. Deshalb sind die Nuklide den Elementen untergeordnet. Ein Element kann nämlich verschiedene Neutronenzahlen haben (und demnach auch verschiedenen Massenzahlen). So bekommt ein Element seine verschiedenen Nuklide. Diese werden dann aber meistens Isotope genannt. Wenn man generell von den verschiedenen Atomsorten spricht, benutzt man das Wort Nuklide. Bezieht man sich allerdings auf die Nuklide eines bestimmten Elements, sollte man lieber Isotope eines Elements sagen.

Hierzu ein Beispiel: Wasserstoff, das Element Nr. 1 hat vier Isotope. Das erste Isotop (^1_1H) hat, wie es alle Isotope dieses Elements haben müssen, ein Proton. Da es allerdings auch nur eine Nukleonenzahl von 1 besitzt, hat es sozusagen „keinen Platz" mehr für ein weiteres Neutron. Das zweite Isotop von Wasserstoff (^2_1H; es wird aber auch Deuterium genannt, was allerdings sehr untypisch für Isotope ist, da diese nur sehr selten einen eigenen Namen haben – sie besitzen in der Regel nur ein Kürzel wie eben ^2_1H) muss natürlich auch ein Proton haben, kann sich aber auch noch ein Neutron „erlauben". Das dritte Isotop (^3_1H; es heißt auch Tritium, wieder eine Ausnahme, und ist übrigens wie Deuterium sehr selten) hat ein Proton und zwei Neutronen. Und das vierte Isotop von Wasserstoff (^4_1H – es ist extrem selten) hat letztendlich logischerweise ein Proton und drei Neutronen. Die Elektronenzahl beträgt natürlich bei allen Isotopen eins. Wasserstoff ist mit seinen vier Isotopen eine Ausnahme (es ist ja schließlich auch das erste Element). Die meisten anderen Elemente haben nämlich viel mehr, manchmal sogar bis zu 30, Isotope.

Da es sehr viele Elemente gibt (118) und jedes Element durchschnittlich etwa 25 Isotope hat, ist die Endsumme aller vorhandenen Nuklide dementsprechend ziemlich groß. Nach unserer Schätzung kommen wir auf 2950

Nuklide. Man muss allerdings bedenken, dass nicht alle Elemente gleich viele Isotope haben. Die ersten Elemente haben weniger Isotope als Elemente mit einer „mittleren" Ordnungszahl. Und da die letzten Elemente des Periodensystems noch nicht so gut erforscht sind, sind bei diesen auch eher weniger Isotope bekannt. Beispiel: Wasserstoff (Element Nr. 1) hat wie wir wissen vier Isotope, Neon (Element 15) hat 15 Isotope, Neodym (Element 60) hat 30 Isotope und bei Ununoctium (Element 118) ist nur ein Isotop bekannt. Man sieht also, dass die Anzahl der Isotope steigt, je höher die Kernladungszahl ist, aber dann auch wieder fällt.

Das lässt sich auch erklären. In den meisten Atomkernen gilt nämlich ungefähr $Z = N$. Bei den Elementen mit höheren Ordnungszahlen allerdings überwiegt N dann ein wenig. Von dieser Regelung dürfen die Elemente allerdings um ein Stück abweichen. Das tun die meisten ja auch: Schließlich haben sie mehrere Isotope. Wenn allerdings Kohlenstoff (Element Nr. 6) 25 Isotope haben wollte, müsste es ein Isotop haben, das gar kein Neutron besitzt und eines, bei dem viermal so viele Neutronen wie Protonen vorkommen. Solche Isotope können aber nicht existieren, da so kein Atomkern aussehen kann. Die Isotope eines Elements haben zwar einen gewissen „Spielraum" mit der Neutronenzahl, dürfen diesen aber nicht überreizen.

Dass die Anzahl der Isotope bei den hinteren Elementen fällt, liegt unter anderem daran, dass diese noch nicht allzu gut erforscht sind. Außerdem ist ein wichtiger Grund für das Seltenwerden der Isotope, dass es, je höher die Ordnungszahl steigt, immer komplizierter wird, ein Atom zu schaffen. Für Atome ist es nämlich schwieriger zu existieren, wenn sie eine höhere Ordnungszahl haben (dazu mehr in Kapitel IV. 1. Die Bindungsenergie). Das beweist auch, dass Atome mit höheren Ordnungszahlen eher radioaktiv sind, d. h. sie zerfallen nach einer bestimmten Zeit.

Trotz dieser Einschränkungen bezüglich der Vielfalt der Isotope/Nuklide gibt es immer noch sehr viele von ihnen. Jedenfalls genug, damit man eine besondere Kennzeichnung für sie braucht. Für diese Kennzeichnung verfügbar sind die Protonen- und Neutronenzahl, die Massenzahl und der Name des Elements, dem das zu kennzeichnende Isotop angehört.

Letztendlich benutzt man für die Kennzeichnung von Nukliden als Ausgangspunkt die Kennzeichnung von Elementen. Gehört ein Isotop z. B. dem Element Neon (Ordnungszahl 10) an, so kann man als Grundlage für die Kennzeichnung der Isotope erstmal „$_{10}$Ne" nehmen. Mit diesen Angaben kann man jedoch nicht erkennen, welches Isotop genau gemeint ist; es könnten im Prinzip alle Isotope des Elements Neon sein. Man benötigt also noch eine weitere Angabe. Und diese Angabe ist bei der Isotopenkennzeichnung meistens die Massenzahl des Isotops. Diese wird dann oben links an das Elementsymbol geschrieben. Somit sieht die Kennzeichnung des häufigsten Neonisotops (Häufigkeit der Isotope: siehe unten) mit der Massenzahl 20 wie folgt aus:

$^{20}_{10}$Ne

Diese Kennzeichnung ist allerdings ziemlich lang und aufwändig. Aus diesem Grund wird sie manchmal gekürzt; man lässt dann die Protonenzahl einfach weg, da diese ja eigentlich nicht so wichtig ist. Denn man weiß wegen des Periodensystems sowieso, dass Neon z. B. die Protonenzahl 10 hat. Die Neutronenzahl erhält man, wie schon gesagt, durch das Subtrahieren der Protonenzahl von der Massenzahl. Die gekürzte Schreibweise jedenfalls sieht dann so aus:

^{20}Ne

Um es noch einfacher zu haben, kann man auch diese Schreibweise verwenden:

Ne20

Zur Verdeutlichung der Isotopenkennzeichnung kann man sie auch noch einmal mit den jeweiligen Buchstaben für die Zahlen und das Elementkürzel zeigen:

$^A_Z X :$ Massenzahl$_{Protonenzahl/Ordnungszahl}$Elementsymbol

Soweit zu der Isotopenkennzeichnung. Sie ist für uns durchaus wichtig, da wir uns noch häufiger mit Isotopen beschäftigen werden.

Mit Hilfe der Isotopenkennzeichnung lassen sich die verschiedenen Isotope eines Elements relativ gut auseinander halten. Trotzdem gibt es wie für die Elemente auch für sie eine „Tabelle", in der alle vorhandenen Nuklide aufgelistet sind. Diese Tabelle wird Isotopentabelle oder Nuklidkarte genannt.
Die Nuklidkarte ist besonders für die Atom- und Kernphysik sehr wichtig. Sie ist für diese wichtiger als das Periodensystem, welches mehr der Chemie dient. Auf der Nuklidkarte findet man für jedes Nuklid einige nützliche Informationen. So ist das eben besprochene Symbol des Nuklids auf dieser Karte, welches ja schon die Protonen-, Neutronen- und die Massenzahl sowie das Element des Isotops verrät. Außerdem findet man eventuell noch Informationen über die Häufigkeit (Häufigkeit der Nuklide: siehe unten) und die Halbwertszeit des Nuklids. Mit der Halbwertszeit befassen wir uns in Kapitel III. 6. Die Halbwertszeit.
Die Nuklidkarte ist, wie man sich denken kann, ziemlich groß, da es sehr viele Isotope gibt. Um sie zu strukturieren, brauchte man ein gutes System. Im Prinzip ist die Nuklidkarte eine große Aneinanderreihung von Kästchen. Ihr Aufbau ist eigentlich relativ einfach. Wenn man sich auf der Nuklidkarte ein Feld nach rechts bewegt, steigert

sich die Protonenzahl von dem Ausgangsfeld zu dem Feld, wohin man sich bewegt, um eins.

Beispiel: $^2_1$H → ein Feld nach rechts → $^3_2$He

Wir haben uns bei unserem Beispiel ein Feld nach rechts bewegt. Auf diesem Feld fanden wir dann folglich ein Nuklid, dass in der Protonenzahl eins höher war als unser Ausgangsisotop. Da die Protonenzahl ja das Element bestimmt, ist unser Ausgangsisotop folglich ein Element niedriger als das andere Isotop (Wasserstoff (H) ist Element Nr. 1 und Helium (He) Nr. 2). Die Massenzahl des zweiten Nuklids ist natürlich um eins höher, da die Neutronenzahl, wie wir wissen, die Massenzahl beeinflusst, da diese sich neben der Protonenzahl aus ihr zusammensetzt.

Diese Regelung genügt allerdings noch nicht ganz. Man benötigt noch eine zweite: Wenn man sich auf der Nuklidkarte ein Feld nach unten bewegt, steigert sich die Neutronenzahl von dem Ausgangsfeld zu dem Feld, wohin man geht, um eins.

Beispiel: $^3_2$He → ein Feld nach unten → $^4_2$He

Diesmal haben wir uns bei unserem Beispiel ein Feld nach unten bewegt. Dort fanden wir dann folglich ein Nuklid, dass in der Neutronenzahl eins höher war als unser Ausgangsisotop. Das Element hat sich nicht verändert, da ja nur die Neutronenzahl anders ist, welche das Element natürlich nicht beeinflusst. Die Massenzahl steigerte sich wie vorher auch um eins, was nachvollziehbar ist.

Insgesamt sind wir in unseren Beispielen je ein Feld nach rechts und nach unten gegangen. Dies hatte zur Folge, dass sowohl die Protonen- als auch die Neutronenzahl um eins stiegen. Daraus kann man schließen, dass die Isotopentabelle/Nuklidkarte hier von links oben nach rechts unten geht.

Die Isotopentabelle ist, wie schon gesagt, sehr groß. Sie hat auch eine besondere Form. Die Nuklidkarte sieht nämlich aus wie eine Linie, die in der Mitte ein wenig dicker ist und sich von links oben nach rechts unten zieht, da alle von Isotopen ausgefüllten Felder eben auf dieser Linie liegen. Diese Form liegt daran, dass auf diesem eben beschriebenen Strich auch die Linie $Z = N$ liegt. Und auf dieser Linie befinden sich die meisten Isotope (siehe auch weiter oben im Kapitel).

Auf der Nuklidkarte findet man zudem Isotone und Isobare. Isotone liegen auf einer waagerechten Gerade und haben dieselbe Neutronenzahl N. Isobare hingegen liegen auf einer diagonale Geraden und haben dieselbe Massenzahl A.

Zudem muss erwähnt werden, dass es verschiedene Möglichkeiten der Darstellung einer Isotopentabelle gibt. Einige, wie das Beispiel unten, fangen links oben an, aber einige starten auch unten links (wie bei einem Koordinatensystem). Dabei ist manchmal die Kernladungszahl, aber auch manchmal die Neutronenzahl auf der X-Achse. Es gibt also verschiedene Varianten, die aber dasselbe besagen – da muss die Beschriftung beachtet werden. Die Isotopentabelle/Nuklidkarte ist jedenfalls für die Atom- und Kernphysik sehr entscheidend, da sie oft genutzt wird und auf ihr alle bekannten Isotope aller Elemente verzeichnet sind. Um sich ein besseres Bild von ihr machen zu können, ist hier der erste Anfang der Nuklidkarte (in der Darstellung, die von oben links beginnt):

$Z\rightarrow$, $N\downarrow$	0 −	1 H	2 He	3 Li	4 Be	5 B	6 C	7 N	8 O ...
0	---	^{1}H	-	-	-	-	-	-	-
1	n	^{2}H	^{3}He	^{4}Li	-	-	-	-	-
2	---	^{3}H	^{4}He	^{5}Li	^{6}Be	^{7}B	^{8}C	-	-
3	---	^{4}H	^{5}He	^{6}Li	^{7}Be	^{8}B	^{9}C	^{10}N	-
4	---	-	^{6}He	^{7}Li	^{8}Be	^{9}B	^{10}C	^{11}N	^{12}O
5	---	-	^{7}He	^{8}Li	^{9}Be	^{10}B	^{11}C	^{12}N	^{13}O
6	---	-	^{8}He	^{9}Li	^{10}Be	^{11}B	^{12}C	^{13}N	^{14}O
7	---	-	-	^{10}Li	^{11}Be	^{12}B	^{13}C	^{14}N	^{15}O
8	---	-	-	^{11}Li	^{12}Be	^{13}B	^{14}C	^{15}N	^{16}O
				...	...	...	...	...	...

Abb. II. 7: Nuklidkarte/Isotopentabelle (Anfang).

Nun noch einmal zu den Nukliden. Wichtig zu wissen ist auch, dass nicht alle Nuklide gleich häufig vorkommen. Einige sind seltener, während andere ganz häufig vorkommen. Es ist nämlich so, dass jedes Element, wie wir ja wissen, viele Isotope hat. Allerdings sind von diesen Isotopen meistens nur eines, zwei, drei, vier, fünf oder höchstens sechs von nennenswerter Häufigkeit.

Ein Element hat demnach nur ein paar Isotope, die wirklich häufig vorkommen – aber was ist mit den anderen Isotopen? Bei unserer Rechnung sind wir von ca. 25 Isotopen pro Element ausgegangen.

Die restlichen Isotope kommen entweder wirklich nur sehr, sehr selten vor oder können nur in Laboren erzeugt werden. Dort wird dann mit aller Mühe versucht, ein paar Atome von diesem Isotop herzustellen. Diese Isotope gibt es zwar, aber sie sind keine natürlich existierenden Nuklide; sie sind eher „künstliche Isotope" und daher auch nicht so entscheidend. Da sie aber trotzdem, wenn auch nur in Laboren, existieren können, müssen sie auf der Nuklidkarte erwähnt werden. So sind die meisten Nuklide der Nuklidkarte gar nicht wirklich entscheidend. Was man auch noch über die Nuklide/Isotope wissen sollte und woran auch liegt, dass es nur so wenige Isotope gibt, die häufig vorkommen, ist die geringe Anzahl an stabilen Nukliden. Stabil sind eigentlich nur die Isotope eines Elements, die auch häufiger vorkommen. Alle anderen Nuklide, also die, die nicht stabil sind, sind stattdessen radioaktiv.

Das heißt ein Atom eines solchen Isotops wird nicht für prinzipiell immer bestehen bleiben, so wie es bei normalen Atomen ist. Nein, ein solches Atom wird zerfallen. Bei diesem Vorgang wandelt es sich bei einem bestimmten Prozess in ein anderes Atom um. Die meisten Elemente besitzen solche Isotope, die solche Atome hervorbringen, aber nicht. Die radioaktiven Nuklide sind jene, die selten vorkommen und nur im Labor erzeugt werden. Es gibt allerdings auch einige Elemente, die nur radioaktive Isotope haben – diese Elemente sind allerdings größtenteils sehr selten. Mit diesem Thema beschäftigen wir uns allerdings bald nochmal und zwar in Kapitel III. 1. Radioaktive Elemente und Nuklide.

Merksatz: Es gibt verschieden Sorten von Atomen – zur besseren Übersicht sind diese in Elemente und Isotope unterteilt. Atome eines Elements (z. B. Wasserstoff (H), Sauerstoff (O), Eisen (Fe) usw.) haben unterschiedliche Neutronenzahlen, aber gleiche Protonenzahlen/Ordnungszahlen.

Ein Element hat selbst verschiedene Isotope, welche die verschiedenen Atomsorten eines Elements sind. Atome eines Isotops haben gleiche Ordnungszahlen und gleiche Massenzahlen. In dem PSE sind alle Elemente aufgeführt und in der Nuklidkarte alle Nuklide.

Soweit zu der Gliederung von Atomen in Elemente und Isotope. Im nächsten Teil beschäftigen wir uns mit einer Einheit, mit der man das Gewicht von Atomen messen kann.

II. 4. Die atomare Masseneinheit

In diesem Kapitel beschäftigen wir uns mit der Einheit, die so klein ist, das sie es uns möglich macht, das Gewicht von Atomen zu bestimmen. Denn bestimmt haben Sie sich während des Lesens auch schon gefragt, wie viel oder besser gesagt wenig ein Atom eigentlich genau wiegt.

Um das Gewicht eines Atoms zu bestimmen, könnte man rein theoretisch auch die Einheit Kilogramm oder Gramm benutzen. Diese Zahl wäre dann allerdings sehr, sehr klein. Da man aber, wenn man sich mit den Atomen befasst, nicht mit solchen umständlichen Zahlen arbeiten kann, erfand man eine neue Einheit, mit der man das Gewicht von Atomen besser angeben konnte.
Diese Einheit ist die atomare Masseneinheit u. In der Atomphysik wird sie oft gebraucht, um das Gewicht/die Masse eines Atoms anzugeben. Will man die Einheit in Kilogramm umrechnen, so gilt folgende Umrechnungs-formel:

$1\,u = 1{,}660277 \cdot 10^{-27} kg$

Man sieht also, dass die atomare Masseneinheit u sehr, sehr klein ist. Die atomare Masseneinheit hat allerdings auch einen näheren Bezug zu den Atomen; ein u ist näm-lich $1/12$ der Masse des Kohlenstoffisotops ^{12}C.
Die atomare Masseneinheit ist also auf dieses Gewicht genormt. Ein Atom des Isotops ^{12}C hat nun aber, wie der

Name schon sagt, genau 12 Nukleonen – und er wiegt auch zwölf u. Folglich wiegt dann ein Nukleon ziemlich genau 1 u. Die Elektronen können in dieser Rechnung allerdings nicht vernachlässigt werden, aber da sie ja nur $1/_{2000}$ der Masse eines Nukleons haben, beeinflussen sie das Ergebnis nur gering. Jedenfalls kann man so die Masse eines beliebigen Atomkerns ungefähr in u angeben, wenn man nur seine Massenzahl weiß (die Elektronen muss man dann wieder vernachlässigen). Man muss aber immer bedenken, dass ein Nukleon nur in etwa 1 u wiegt! So kann diese Einheit in der Atomphysik ziemlich einfach für Massenangaben gebraucht werden, da sie ja im Prinzip die Masse eines Nukleons beschreibt.

Es ist natürlich ein glücklicher Zufall, dass beide Sorten von Nukleonen in etwa dieselbe Masse haben und dass das Elektron so wenig wiegt. Allerdings muss man auch immer im Blick haben, dass die Masse eines Nukleons eben nur ungefähr ein u beträgt. Deshalb sind hier noch einmal die genauen Werte für die drei grundlegenden Teilchen des Atoms in u zusammengefasst:

Kern: Masse des Protons: 1,007276 u
        Masse des Neutrons: 1,008665 u

Hülle: Masse des Elektrons: 0,000549 u

Man kann natürlich auch die Atommasse, also die Masse eines beliebigen Atoms, bestimmen. Dabei unterscheidet man aber zwischen der relativen Atommasse und der absoluten Atommasse.

Man benutzt die relative Atommasse, wenn man die Atommasse ohne eine Einheit angibt. Die Zahl gibt dann an, um welchen Faktor die Atommasse größer ist als die atomare Masseneinheit. Bei der relativen Atommasse wird also ein Bezug zwischen der Atommasse und der atomaren Masseneinheit u hergestellt; allerdings ohne das Einheitenzeichen benutzen zu müssen. Sie wird außerdem auch oft in der Chemie gebraucht. Die Formel zur Berechnung der relativen Atommasse lautet:

A_r $= m_a$ $/ u$
Relative Atommasse $=$ Masse des Atoms $/ u$

Die relative Atommasse wird oft auch für Elemente berechnet. Dabei muss man allerdings die Häufigkeit der Isotope beachten. So werden die Isotope des Elements, die häufiger vorkommen, bei der Berechnung der relativen Atommasse dieses Elements auch mehr berücksichtigt.

Es gibt allerdings auch die absolute Atommasse. Hinter dieser muss, im Gegensatz zu der relativen Atommasse, eine Einheit stehen. Diese Einheit kann Kilogramm, Gramm oder eben die atomare Masseneinheit sein. Mit den Massen der verschiedenen Teilchen oder Bereiche des Atoms kann man natürlich auch rechnen. Die gesamte Masse des Atoms erhält man durch das Addieren der Neutronen-, Protonen- und Elektronenmassen, die Kernmasse des Atoms durch das Subtrahieren der Elektronenmassen von der gesamten Masse und die Kernmasse des Atoms durch das Addieren der Protonen- und Neutronenmassen.

Merksatz: Die atomare Masseneinheit u wird genutzt, um die sehr kleinen Gewichte von Teilchen darzustellen. 1 u entspricht dabei $1/12$ der Menge des Kohlenstoffnuklids ^{12}C.

Protonen und Neutronen haben beide nahezu eine Masse von 1 u, während ein Elektron etwa nur $1/2000$ der Masse eines Protons/Neutrons hat. 1 u entspricht $1{,}660277 \cdot 10^{-27}$kg.

Die relative Atommasse berücksichtigt die Häufigkeit der Isotope und berechnet sich aus der Atommasse / u.

Soweit zu der atomaren Masseneinheit u und der relativen Atommasse. Im nächsten und auch schon letzten Teil des ersten großen Kapitels über die Atome beschäftigen wir uns mit ein wenig Hintergrundwissen: Nämlich mit allen Sorten von Elementarteilchen, den kleinsten Teilchen, die es gibt.

II. 5. Elementarteilchen

Wer dachte, er kenne schon alle kleinsten Teilchen, also alle Elementarteilchen, der irrte sich. Denn selbst die Nukleonen sind ja zusammengesetzte Teilchen. Sie bestehen nämlich aus Quarks. Das einzige Elementarteilchen, das wir schon kennen lernten ist das Elektron. Das soll sich aber in diesem Kapitel ändern.

Elementarteilchen sind, wie wir wissen, die einzige Sorte von Teilchen, die nicht zusammengesetzt sind. Daraus kann man schließen, dass alle anderen Teilchen aus dieser einzigen Teilchensorte zusammengesetzt sein müssen. Das ist schon sehr erstaunlich, da heutzutage nur die Existenz von ein paar Dutzend Sorten von Elementarteilchen bekannt ist.
Allerdings muss man bedenken, dass sich diese Sorten in verschiedenen Weisen verbinden und neue Teilchen formen können, die dies wiederum auch können. Trotzdem ist es erstaunlich, dass unsere Welt tatsächlich nur aus wenigen Sorten von Elementarteilchen besteht. Für diese Aussage muss man allerdings voraussetzen, dass Wissenschaftler keine neuen Teilchen mehr entdecken werden. In diesem Kapitel jedenfalls beschäftigen wir uns mit den verschiedenen Sorten von Elementarteilchen. Es gibt z. B. die Fermionen, die sich u. a. in die Elementarteilchen Quarks und Leptonen unterteilen und aus denen die Ma-

terie besteht. Und es gibt auch die Bosonen, zu denen z. B. die Eichbosonen gehören.

Allerdings beschäftigen wir uns nur ein wenig mit den Elementarteilchen, da dieses Buch eher für Einsteiger gedacht ist und einige Zweige dieses Themas sehr komplex sind und somit nicht gut passen. Dennoch wird dieses Kapitel interessantes Grundwissen über die Teilchen, aus denen alles besteht, vermitteln. Um zuerst einmal einen Überblick zu bekommen, ist hier eine Tabelle mit den Elementarteilchen, durch die wir uns jetzt nach und nach durcharbeiten werden. Die Tabelle kann in diesem Kapitel gut als Orientierungshilfe dienen.

<u>Unterteilung der Elementarteilchen</u>

I. Generation II. Generation III. Generation

u Up	**c** Charm	**t** Top	**γ** Photon	**H** Higgs-Boson
d Down	**s** Strange	**b** Bottom	**g** Gluon	
V$_e$ Elektron-Neutrino	**V**$_\mu$ Myon-Neutrino	**V**$_\tau$ Tauon-Neutrino	**Z**^{0} Z-Boson	
e Elektron	**μ** Myon	**τ** Tauon	**W**$^\pm$ W-Boson	

Abb. II. 8: Unterteilung der Elementarteilchen.
u, c, t, d, s, b = Quarks; V$_e$, V$_\mu$ V$_\tau$, e, μ, τ = Leptonen:
zusammengefasst: Fermionen
γ, g, Z^0, W± = Eichbosonen; H = Higgs-Boson:
zusammengefasst: Bosonen

Protonen und Neutronen, zusammengefasst als Nukleonen, sind, wie wir schon wissen, keine Elementarteilchen; sie müssen sich also aus irgendwelchen Teilchen zusammensetzen. Diese Teilchen lernen wir nun kennen: Es sind die Quarks, eine Gruppe der Elementarteilchen, von der wir bereits gesprochen haben.

Die Quarks gehören zu den Fermionen, welche die Sorte von Elementarteilchen sind, die die Materie bilden. Die Bosonen hingegen sorgen für den Energieaustausch zwischen den Fermionen. Von den Quarks jedenfalls sind uns heutzutage sechs verschiedene Sorten bekannt. Diese Quark-Arten bezeichnet man als Quark-Flavours (von amerik. Englisch: Geschmacksrichtungen) und sie lauten:

→ Up-Quark,
→ Down-Quark,
→ Charm-Quark,
→ Strange-Quark,
→ Top-Quark und
→ Bottom-Quark
(vgl. auch Tabelle).

Da wir uns aber nicht allzu intensiv mit den Quarks befassen werden, sind für uns vor allem zwei der Quark-Flavours wichtig. Nämlich das Up-Quark und das Down-Quark; also die Quark-Flavours der ersten Generation. Alle anderen Sorten von Quarks lassen wir erstmal außer Acht, da diese für unsere Zwecke nicht notwendig sind. Die Up- und Down-Quarks (die Quarks der ersten Generation) sind sowieso am wichtigsten, da nur diese die Nukleonen bilden, welche, wenn man sich auf dem Gebiet der Elementarteilchen befindet, oft auch Baryonen (diese sind ein Unterbegriff der Hadronen) genannt werden. Die Nukleonen jedenfalls bestehen immer aus drei Quarks, welche sich in einer festen Dreierkonstellation miteinander befinden. Diese Dreierkonstellation zeichnet ein Baryon aus.

Allerdings ist die Zusammensetzung der Quarks bei den Protonen anders als bei den Neutronen. Das hängt damit zusammen, dass diese beiden Teilchen unterschiedliche Ladungen haben. Die Quarks haben nämlich auch unterschiedliche Ladungen und so ist verständlich, dass jedes Nukleon aus anderen Quarks bestehen muss.

Das Up-Quark hat eine positive Ladung von $+\frac{2}{3}$, während das Down-Quark eine negative von $-\frac{1}{3}$ hat. Als Einheit der Ladung dient natürlich die Elementarladung, da wir diese ja auch schon bei den Nukleonen/Elektronen kennen lernten und andere Einheiten für diese kleinen Teilchen viel zu niedrig wären.

Mit diesen zwei Sorten von Quarks lassen sich jedenfalls die Nukleonen bilden. Bei dem Proton lautet die Dreierkonstellation:

Up-Quark – Up-Quark – Down-Quark = Proton

Oft kürzt man dies wie folgt ab: uud
In Ladungen gesprochen heißt das dann:

$\frac{2}{3} + \frac{2}{3} - \frac{1}{3} = +1$

Bei dem Neutron sieht die Dreierkonstellation etwas anders aus:

Up-Quark – Down-Quark – Down-Quark

Abgekürzt: udd
In Ladungen gesprochen heißt das wiederum:

$\frac{2}{3} - \frac{1}{3} - \frac{1}{3} = \pm 0$

So erhält das Proton seine positive und das Neutron seine negative Ladung durch die verschiedenen Dreierkonstellationen von Quarks.

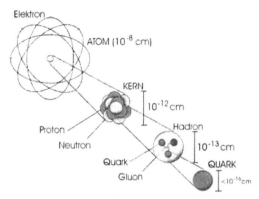

Abb. II. 9: Der Aufbau der Materie: Die kleinste Einheit ist das uns seit kurzem bekannte Quark. Dann geht es weiter mit dem Hadron, dem Atomkern und dem Atom selbst.

Natürlich kommen die Quark-Flavours der II. und III. Generation auch vor. Diese Quark-Sorten sind allerdings entweder sehr selten, leben nur für den Bruchteil einer Sekunde oder sind in anderen Dingen schwierig „handzuhaben". Außerdem sind die Teilchen, die sie bilden, für uns noch zu komplex, sodass uns nur die Quarks der I. Generation interessieren, welche ja sowieso am wichtigsten sind, da nur sie die Eigenschaft haben, die im Prinzip unendlich lang lebenden Nukleonen zu bilden.

Das Up-, Charm- und Top-Quark, die sich auf unserer Tabelle in der ersten Zeile befinden, besitzen übrigens alle eine positive Ladung von $2/3$, während das Down-, Strange- und Bottom-Quark (zweite Zeile der Tabelle) alle eine negative Ladung von $-1/3$ haben.

Es gibt allerdings noch mehr Interessantes über die Quarks zu sagen. Man ordnet den Quarks z. B. auch „Farben" zu. Bei der Dreierkonstellation ist dann nämlich ein Quark „blau", eines „rot" und ein anderes „grün". Natürlich sind das keine wirklichen Farben wie die, die wir sehen. Der Sinn dieser „Farbtheorie" ist eigentlich, dass am Ende die Farbkombination ein „farblos" ergeben muss. Teilchen, die kein farblos ergeben, können nicht existieren. Es gibt bei den Quarks drei Möglichkeiten, wie sie sein können: Nämlich blau, rot oder grün. Eine andere Quarksorte, die Antiquarks, haben die Farbrichtungen antiblau, antirot oder antigrün. Nun gibt es mehrere Möglichkeiten, wie man ein „farblos" erreichen kann. Nämlich entweder durch die Kombination von den drei normalen Farben, den drei „Anti-Farben" oder jeweils einer Farbe mit einer „Anti-Farbe". Alle drei Möglichkeiten existieren und Wissenschaftler suchen noch immer nach Beispielen, da das Gebiet der Elementarteilchen immer noch nicht gänzlich erforscht ist.

Soweit jedenfalls zu den Quarks. Nun kommen wir zu einer anderen Sorte von Elementarteilchen.

Eine weitere Sorte der Elementarteilchen sind die Leptonen. Sie gehören wie die Quarks und auch noch andere zusammengesetzte Teilchen den Fermionen an. Ein Lepton, das wir schon kennen lernten, ist das Elektron. Es gibt aber noch weitere Arten von Leptonen. Insgesamt sind es, wie bei den Quarks, sechs Sorten (vorausgesetzt man zählt die Antiteilchen, die es zu jedem Lepton und übrigens auch zu den Quarks gibt, nicht mit – allerdings sind diese auch nicht so wichtig). Diese Sorten heißen:

→ Elektron-Neutrino,
→ Elektron,
→ Myon-Neutrino,
→ Myon,
→ Tauon-Neutrino und
→ Tauon
(vgl. auch Tabelle).

Die Leptonen sind wie die Quarks wegen ihrer physikalischen Eigenschaften in drei Generationen eingeteilt. Dabei gehören

– das Elektron und das Elektron-Neutrino der ersten Generation,
– das Myon und das Myon-Neutrino der zweiten Generation und
– das Tauon und das Tauon-Neutrino der dritten Generation an.

Hierbei kann man gut sehen, dass zu jedem zuerst genannten Lepton auch ein Neutrino gehört. Die Ladung von diesen Neutrinos ist immer null, was bedeutet, dass sie keine haben und somit neutral sind – wie das Neutron, wenn man es von außen betrachtet. Die anderen Teilchen, welche sich alle in der dritten Zeile unserer Tabelle befinden, haben auch dieselbe Ladung. Diese Ladung ist, wie man sich, wenn man mitgedacht hat, denken kann -1, da das Elektron, wie wir bereits wissen, auch diese Ladung hat. Die Einheit der Ladungen ist natürlich wie immer die Elementarladung.

Die nächste Sorte der Elementarteilchen, die wir uns vornehmen, sind die Eichbosonen. Bei der Gelegenheit können wir auch gleich den Unterschied zwischen Fermionen und Bosonen klären. Diese beiden Teilchensorten unterscheiden sich nämlich anhand ihres Spins. Der Spin ist der Eigendrehimpuls eines Teilchens. Die Fermionen jedenfalls haben einen halbzahligen Spin (also z. B. $1/2$ oder $3/2$), während die Bosonen einen ganzzahligen Spin (z. B. 0, 1, 2) haben. Zu den Fermionen gehören die Quarks, die Leptonen, aber auch zusammengesetzte Teilchen wie die Baryonen (also Proton und Neutron). Zu den Bosonen gehören die zusammengesetzten Teilchen Mesonen, aber auch alle Atomkerne mit gerader Nukleonenzahl. Die einzigen Elementarteilchen, die zu den Bosonen gehören, sind die Eichbosonen, womit wir auch schon wieder beim Thema wären.
Die Eichbosonen sind etwas anders als die Elementarteilchen, mit denen wir uns vorher befasst haben. Sie sind

nämlich nicht wie die Quarks oder Leptonen materiebildende Teilchen. Die Eichbosonen haben die besondere Aufgabe, die Grundkräfte der Physik zwischen den Teilchen zu vermitteln. Dies passiert, indem ein Teilchen ein Eichboson aussendet und ein anderes es wieder einfängt. Die vier Grundkräfte der Physik sind übrigens:

→ die Gravitation (auch Schwerkraft),
→ die elektromagnetische Wechselwirkung,
→ die schwache Wechselwirkung (auch schwacheKernkraft) und
→ die starke Wechselwirkung (auch starke Kernkraft).

Die Eichbosonen vermitteln jedenfalls diese Kräfte. Hier eine Übersicht über die Eichbosonen: Zu den Eichbosonen gehören

→ die Photonen,
→ die Gluonen,
→ die Z-Bosonen und
→ die W-Bosonen
(vgl. auch Tabelle).

Nun übernimmt jedes dieser Eichbosonen eine Grundkraft. Die Photonen vermitteln z. B. die elektromagnetische Wechselwirkung, während die Gluonen die starke Wechselwirkung und die W- und Z-Bosonen die schwache Wechselwirkung vermitteln.

Nun gibt es auch noch ein besonderes Boson, das Higgs-Boson, welches erst vor kurzer Zeit entdeckt wurde. In der Tabelle befindet es sich rechts außen. Das Higgs-Boson soll mehrere Grundkräfte vermitteln und ist außerdem ein sehr kompliziertes Teilchen.

Merksatz: Die Elementarteilchen gliedern sich in Quarks (Up, Down, Charme, Strange, Top, Bottom), Leptonen (Elektron-Neutrino, Elektron, Myon-Neutrino, Myon, Tauon-Neutrino, Tauon), Bosonen (Photon, Gluon, Z-Boson, W-Boson) und das Higgs-Boson.

Quarks bilden z. B. die Nukleonen, während das Elektron, welches zu den Leptonen gehört, in der Hülle des Atoms vorkommt.

Die Bosonen vermitteln die vier Grundkräfte (Gravitation, elektromagnetische Wechselwirkung, schwache Wechselwirkung und starke Wechselwirkung). An dem Gebiet der Elementarteilchen wird noch geforscht.

Das waren alle – uns heutzutage bekannten – Sorten von Elementarteilchen. Nun wissen wir besser über die Teilchen Bescheid, aus denen sich alle Materie zusammensetzt. Allerdings war dieses Kapitel eher ein Exkurs, da die Elementarteilchen für das Verständnis der nächsten Kapitel nicht entscheidend sind. Trotzdem ist es auch interessant, sich mit so einem Teil der Kernphysik zu befassen.

Im Laufe dieses großen ersten Kapitels haben wir nun jedenfalls genug Wissen angesammelt, um uns mit dem nächsten großen Kapitel zu befassen – mit der Radioaktivität.

III. Die Radioaktivität und ihre Folgen

Die Radioaktivität entdeckte Henri Becquerel (1852 – 1908), da er eine Pechblende (das ist ein uranhaltiger Stein) auf ein Fotopapier legte und dieses sich nach einiger Zeit aufgrund der radioaktiven Strahlung schwärzte.

Abb. III. 1: Zeichen für Radioaktivität.

In diesem Kapitel beschäftigen wir uns nicht mehr mit dem Aufbau von Atomen, sondern mit dem Verhalten dieser Teilchen. Das Wissensgebiet, in dem wir uns bewegen, ist somit weiterhin die Kernphysik, da sich diese ja mit dem Aufbau und dem Verhalten von Atomkernen befasst.

Die Atomphysik hingegen beschäftigt sich mit dem grundlegenden Aufbau des Atoms, nämlich Hülle und Kern, und mit dem Verhalten dieser. Die Übergänge zwischen Kern- und Atomphysik sind allerdings fließend. Zurück zu den Atomen: Da wir uns mit dem Verhalten von Atomen beschäftigen, kann man daraus schließen, dass die Radioaktivität im Prinzip auch nur eine bestimmte Verhaltensweise von Atomen ist. Und so ist es auch. Wenn ein Atom radioaktiv ist, wird es nach einer bestimmten Zeit zerfallen (wann das ist, klären wir in Kapitel III. 6. Die Halbwertszeit). Das „Zerfallen" ist eigentlich nur ein anderer Begriff dafür, dass das Atom ein Teilchen aussendet. Dieses Teilchen wird dann als Strahlung bezeichnet, was auch erklärt, warum man von der „radioaktiven Strahlung" spricht. Atome, die nach einer Zeit zerfallen, werden als instabil bezeichnet.

Zusammengefasst: Wenn ein Atom instabil/radioaktiv ist, sendet es nach einer bestimmten Zeit Strahlung, meist in Form eines Teilchens, aus.

Da das Kapitel aber „Die Radioaktivität und ihre *Folgen*" heißt, ist wohl klar, dass das Aussenden der Strahlung nicht alles ist. Es gibt drei Arten radioaktiver Strahlung und alle sind für uns Menschen gefährlich. Das ist so, da die ausgesandten Teilchen das Ladungsgleichgewicht von den Atomen zerstören und somit Ionen erzeugen (aber dazu mehr in Kapitel III. 9. Gefährdung für Organismen durch Strahlung, die normale Strahlenbelastung).

Wir beschäftigen uns in diesem Kapitel aber mit noch weiteren interessanten Themen der Strahlung. So schauen wir uns z. B. verschiedene Einheiten zum Messen der Stärke und Gefahr der Strahlung an. Außerdem befassen wir uns mit den Reaktionen, die durch die Strahlung hervorgerufen werden können und dem Nachweis von Radioaktivität. Und natürlich kommen wir auch noch zu den verschiedenen Strahlungsarten und erläutern deren besondere Eigenschaften.

Wie wir sehen, ist das Gebiet der Radioaktivität ziemlich groß und komplex. Es war somit wichtig, das Wissen über den Aufbau des Atoms zu vertiefen, da dieser für uns auch noch in diesem Kapitel von Bedeutung ist. Beginnen wir aber ganz von vorne: Im ersten Kapitel geht es um radioaktive Elemente und Isotope, da uns dieses Thema ein wenig vertrauter ist.

III. 1. Radioaktive Elemente und Isotope

In diesem Kapitel beschäftigen wir uns noch nicht sofort mit den Regeln und Gesetzen der Radioaktivität, sondern lernen diese erstmal nur indirekt kennen. Das machen wir, indem wir uns, wie der Kapitelname schon verrät, mit den radioaktiven Elementen und ihren Isotopen beschäftigen.

Wir schauen uns also das Periodensystem bzw. die Nuklidkarte einmal genau an und beschäftigen uns mit seinen/ihren für die Radioaktivität bekannten Bereichen. Denn ein Element bzw. ein Nuklid ist entweder radioaktiv oder stabil (d. h. es ist nicht radioaktiv/zerfällt nicht). Und wie bei so vielem, gibt es auch bei den radioaktiven Elementen/Nukliden einige, die sich aus der Masse herausheben, da sie z. B. oft genutzt werden oder besondere Eigenschaften besitzen. Mit diesen Elementen/Nukliden, aber auch mit den anderen, werden wir uns in diesem Kapitel befassen.

Es ist allerdings auch notwendig, dass wir uns mit den besonderen radioaktiven Elementen und Nukliden beschäftigen, da diese uns noch häufig, z. B. bei Versuchen und Experimenten, begegnen werden.

Außerdem können wir die Radioaktivität so eher langsam kennenlernen und müssen uns nicht gleich mit ihren manchmal doch sehr komplexen Vorgängen beschäftigen.

Im Periodensystem werden einige Elemente als radioaktiv bezeichnet. Diese Elemente zeichnen sich dadurch aus, dass sie keinerlei stabile Isotope besitzen – was, wenn man sie im Gegensatz zu den normalen Elementen betrachtet, ungewöhnlich ist.

Ein „normales" Element (korrekter als stabiles Element bezeichnet) besitzt nämlich stabile Isotope, allerdings auch nicht gerade viele: Im Durchschnitt sind es ca. drei - sechs (man bedenke, dass es auch Ausnahmen gibt, welche mehr bzw. weniger stabile Isotope haben). Wenn wir von ca. 25 Isotopen pro Element ausgehen, sind das natürlich nicht viele (ca. 12% – 24%). Doch das Entscheidende ist, dass bei den stabilen Elementen nur die stabilen Isotope mit einer größeren Häufigkeit auftreten. Die radioaktiven Isotope hingegen haben so niedrige Häufigkeiten, dass diese prinzipiell nicht wirklich bedeutend sind. Manchmal allerdings gibt es auch Elemente, die ein radioaktives Isotop besitzen, welches häufiger vorkommt. Die Häufigkeit von diesem ist dann allerdings meistens sehr gering.

Die anderen radioaktiven Isotope sind wirklich sehr, sehr selten und kommen in der Natur nicht vor, was bedeutet, dass sie nur in Laboren erzeugt werden können. Da diese „Laborisotope" allerdings schon einmal existierten (wenn eben auch nur im Labor), müssen sie auf der Nuklidkarte erwähnt werden, was allerdings die Folgen hat, dass diese dadurch ziemlich viele Isotope zeigt, von denen nur einige wenige stabil sind (siehe auch Kapitel II. 3. Elemente und Isotope).

Das alles erklärt somit auch, dass die Elemente, welche viele radioaktive Isotope besitzen, trotzdem als stabil bezeichnet werden. Die stabilen Elemente sind folglich für uns nicht gefährlich, da sie ja nicht radioaktiv sind und uns somit auch nicht schaden können – ganz im Gegensatz zu den wirklich radioaktiven Elementen, zu denen wir jetzt kommen.

Es stimmt. Einige Elemente sind für uns aufgrund ihrer radioaktiven Strahlung/ihres radioaktiven Zerfalls (als „Zerfall" bezeichnet man den Vorgang, bei dem ein instabiles, also ein radioaktives, Atom Strahlung aussendet) für uns durchaus gefährlich (siehe Kapitel III. 9. Gefährdung für Organismen durch Strahlung, die normale Strahlenbelastung). Doch man kann beruhigt sein: Diese Elemente sind größtenteils äußerst selten, so dass wir mit ihnen im Prinzip nie Kontakt haben. (Das erklärt auch, dass wir von dieser Gefahr fast nichts wissen. Allerdings hört man auch ab und zu von solchen Elementen, wie z. B. von Uran, welches relativ bekannt ist.) Dennoch existieren sie und sind somit, wie alle Elemente, im Periodensystem verzeichnet.

Die radioaktiven Elemente haben, wie die anderen Elemente auch, ihre eigenen Plätze im Periodensystem. Und es sind gar nicht mal so wenige: Insgesamt zählt man heutzutage 38 radioaktive Elemente. Doch auch das ist kein Grund zur Unruhe, da es hier so ähnlich ist wie bei den Isotopen. Die meisten dieser Elemente sind nur künstlich, das heißt sie können auch nur im Labor erzeugt werden. Wenn man diese Elemente von den radioaktiven Elementen abzieht, schrumpft die Anzahl dieser auf ungefähr ein Dutzend. Und die meisten Elemente dieses Dutzends sind auch noch selten. Man kann also sehen, dass radioaktive Elemente (und somit auch ihre Isotope) sehr selten sind.

Jedenfalls könnte man nun, wie auch naheliegend ist, denken, dass alle radioaktiven Elemente über das ganze Periodensystem gleichmäßig verstreut sind. Dem ist aber nicht so: Fast alle radioaktiven Elemente haben eine Ordnungszahl (Wir erinnern uns: Die Ordnungszahl ist so etwas wie die Nummer eines Elements.) ab der Nummer 83. Dies ist so, da es ab einer gewissen Ordnungszahl immer schwieriger wird, dass die Nukleonen im Kern des Atoms zusammen bleiben.

Das wiederum ergibt sich daraus, dass ab den höheren Ordnungszahlen die Abstoßung im Atomkern immer höher wird, (schließlich befinden sich immer mehr Protonen, die sich gegenseitig abstoßen, im Atomkern), so dass es schwieriger wird, ein stabiles Atom zu bilden (mehr dazu in Kapitel IV. 1. Die Bindungsenergie). Durch dieses Phänomen können ab der Ordnungszahl 83 nur noch instabile (=radioaktive) Elemente und Isotope und somit auch nur instabile Atome entstehen. Es ist nämlich nach der Nummer 82 kein stabiles Element mehr bekannt (die Ordnungszahl 83 selbst ist allerdings ein besonderes Element, aber dazu später). Allerdings haben alle radioaktiven Elemente eine andere Halbwertszeit, was bedeutet, dass einige schneller (und somit auch in gewisser Weise stärker) zerfallen als andere (Halbwertszeit: siehe Kapitel III. 6.).

Jedenfalls wollen wir uns jetzt genauer mir diesen radioaktiven Elementen befassen. Zur Orientierung in diesem Teil des Kapitels kann gut das unten angefügte Periodensystem dienen, auf welchem die Elemente, mit denen wir uns befassen, abgebildet sind. Hier haben die radioaktiven Elemente eine graue Einfärbung, sodass sie gut zu erkennen sind.

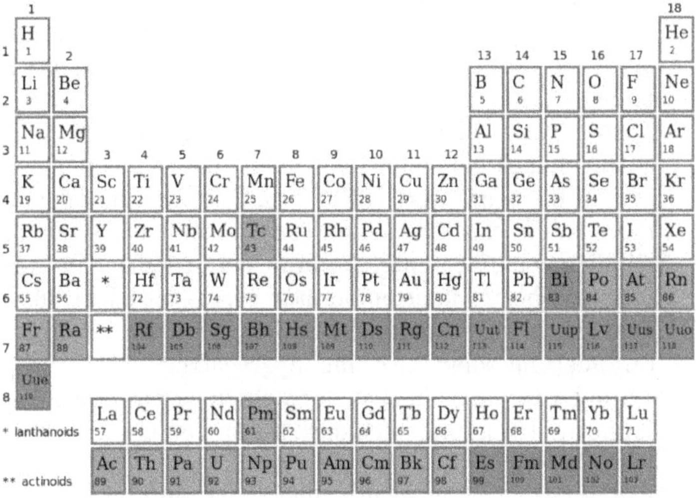

Abb. III. 2: Periodensystem mit eingefärbten radioaktiven Elementen.

Um die Orientierung nicht zu verlieren, werden wir die Elemente der Reihe nach durchgehen. Wir beginnen aber nicht mit der Ordnungszahl 83, sondern mit den zwei Ausnahmen, die schon vor dieser Grenze sind: Die Elemente Technetium (43) und Promethium (61) sind zwei Ausnahmen: Sie sind die einzigen radioaktiven Elemente vor der Ordnungszahl 83. Das macht sie natürlich beson- ders – schließlich sitzt Technetium mitten im Hauptblock der Metalle und Promethium unter den Lanthanoiden (so wird die obere Zeile des untergeordneten Blocks ge- nannt) und sie sind somit weit von den anderen radioak- tiven Elementen entfernt.

Nun kommen wir zu dem Element Bismut, welches die besagte Ordnungszahl 83 hat. Eigentlich ist es kein wirk- liches radioaktives Element, da es eine sehr lange Halb- wertszeit hat – es zerfällt also äußerst langsam. Da es so viel langsamer als alle anderen Element zerfällt, ist es für uns Menschen auch nicht schädlich und wird somit sozu- sagen nur als „halbes" radioaktives Element bezeichnet. Wenn man jedoch genau sein will, gehen nach dem Ele- ment Blei, das vor Bismut steht, die stabilen Elemente zu Ende.

Nach Bismut folgt dann das äußerst gefährliche (aber auch seltene) Polonium (84), dann kommt das noch sel- tenere Element Astat (85). Darauf wiederum folgt ein radioaktives Gas, das Radon (86) genannt wird. (Es gibt nämlich auch Elemente, die in ihrem Grundzustand [der meistens bei Zimmertemperatur gemessen wird] flüssig oder eben gasförmig, wie Radon, sind. Bei Tempera- turänderung kann sich ihr Aggregatzustand natürlich verändern.) Nun geht es in der siebten Periode weiter mit Francium (87), (und auch das ist sehr selten) auf das das Radium (88) folgt.

Radium ist ausnahmsweise mal ein bekannteres und auch häufigeres Element. Es wird oft in radioaktiven Präpara- ten verwendet (Solche Präparate werden dazu gebraucht, um Experimente durchzuführen.) Das Element Radium wurde zusammmen mit dem Element Polonium von der sehr berühmten Wissenschaftlerin Marie Curie (1867 – 1934) entdeckt. Radium hat eine sehr viel stärkere Strahlung als Uran. Übrigens: Im frühem 20. Jahrhundert war Radium mit den Elementen Radon (86) und Thorium (90) sehr im Trend. So gab es damals Kurbäder, die radioaktives Wasser enthielten oder sogar radioaktives Wasser zum Trinken. Der Name „Radium" war sehr beliebt und tauchte auf vielen Produkten auf, die z. T. gar keines erhielten – dennoch gab es viele radioaktive Artikel wie z. B. radiumhaltige Leuchtziffern auf einer Uhr oder gar thoriumhaltige Zahnpasta. Natürlich sind all diese Produkte schädlich für den menschlichen Körper. Allerdings wusste man das damals im Gegensatz zu heute nicht – im Gegenteil: Man dachte diese Produkte wären gut für dir Gesundheit.

Nun kommen wir zu den Actinoiden, welche sich gleich unter den Lanthanoiden befinden. Diese Gruppe von Elementen hat ähnliche Eigenschaften (sie sind z. B. alle radioaktiv). Ihr erstes Element lautet Actinium (89) (daher der Name Actinoide) und ist sehr selten. Danach folgt Thorium (90), von dem wir schon sprachen, und dann wiederum kommt Protactinium (91), welches auch wieder selten ist.

Dann allerdings kommen wir zu einem bedeutenderen Element, dessen Name weitaus bekannter ist – nämlich Uran (92). Uran ist durchaus gefährlich (da es strahlt) und wird in Kernkraftwerken für die Erzeugung von Strom genutzt. Gerade deswegen sind Kernkraftwerke ja so gefährlich und so umstritten: Da das Uran bei einem Reaktorunfall die Umgebung eventuell radioaktiv kontaminiert. Uran wurde leider auch schon wie Plutonium (94) für die Herstellung von Atomwaffen benutzt. Außerdem hat Uran verschiedene Isotope, welche für uns in Kapitel IV. noch wichtig werden (siehe auch Kapitel IV. 3. Die Elemente Uran und Plutonium).

Nun gibt es nach Uran noch das wieder seltene Neptunium (93) und das bereits erwähnte Plutonium (95). Danach kommt allerdings Americum (96), welches das erste „künstliche" Element ist, da es nur aus Isotopen besteht, die im Labor erzeugt werden. Americum selbst wird manchmal noch für Präparate verwendet, aber die Elemente danach eher nicht. Alle dem Americum folgenden Elemente (Ordnungszahlen 97 – 118) sind auch künstlich, weshalb sie für uns nicht interessant sind. Nach Copernicum (112) (Benannt nach Nikolaus Copernikus [1473 – 1543]. Die Elemente davor wurden auch teilweise nach berühmten Personen [oder auch Orten] benannt.) allerdings gibt es noch vier Elemente mit seltsamen Namen Ununtrium (113), Ununpentium (115), Ununseptium (117) und Ununoctium (118).

Diese Elementnamen setzen sich aus lateinischen und griechischen Zahlen zusammen (Beispiel: Ununhexium: lat. unus: eins, griech. hexa: sechs. Das Kürzel lautet dann Uuh – Un-un-hexium.) Diese Elemente werden so genannt, da man sich noch nicht für einen Namen entschieden hat oder sie nur rein hypothetisch existieren. Das Element 114 allerdings wird Flerovium genannt und das Element 116 Livermorium – was bedeutet, dass diese Elemente schon endgültige Namen bekommen haben. In der Zukunft wird man aber bestimmt noch weitere Elemente entdecken.

Merksatz: Es gibt sehr viele radioaktive Nuklide, die aber meistens nur im Labor erzeugt werden können. Elemente, die nur radioaktive Isotope besitzen, gibt es nur wenige.

Ab der Ordnungszahl 83 (Element Bismut) haben die Elemente ausschließlich instabile Isotope. Zudem haben auch noch die Elemente Technetium (49) und Promethium (63) nur radioaktive Nuklide. Bekannte radioaktive Elemente sind z. B. Radium (88), Thorium (90) und Uran (92).

Nun wissen wir ein wenig besser über die radioaktiven Elemente Bescheid – was uns aber auch nützlich sein wird, da wir uns mit ihnen ab jetzt noch viele Male auseinandersetzen werden. Somit kann gewiss Hintergrundwissen nicht schaden. Außerdem sind wir nun mit der Radioaktivität vertrauter, so dass wir in das nächste Kapitel einsteigen können. In diesem geht es um die verschiedenen Arten der radioaktiven Strahlung.

III. 2. Die drei Strahlungsarten

Die radioaktive Strahlung besteht, wie bereits schon einmal angesprochen, aus verschiedenen Arten: Es gibt die α-, β- und γ-Strahlung. Diese verschiedenen Strahlungsarten haben auch verschiedene Eigenschaften, einen unterschiedlichen Aufbau und sind für uns unterschiedlich gefährlich. In diesem Kapitel beschäftigen wir uns mit diesen drei verschiedenen Arten radioaktiver Strahlung – die α-, β- und γ-Strahlungen sind für das gesamte Kapitel der Radioaktivität unentbehrlich.

Fangen wir mit der α-Strahlung (auch Alphastrahlung) an. Die α-Strahlung ist eine positiv geladene Strahlung. Wichtig zu wissen ist dabei, dass auch Strahlen Ladungen haben können und die α-Strahlung keine Ausnahme ist (die β-Strahlung z. B. ist gegensätzlich zur α-Strahlung negativ geladen).
Die positive Ladung der α-Strahlung ist auch einfach zu erklären. Man muss sich dafür nur den Aufbau eines Alphateilchens (auch α-Teilchens) ansehen (die Strahlung besteht in unserem Fall aus Teilchen; bei der α-Strahlung sind es eben Alphateilchen): Dieses Teilchen besteht aus zwei Neutronen und zwei Protonen, aus denen logischerweise die positive Ladung resultiert (Protonen tra-

gen ja eine positive Ladung). Ein Alphateilchen setzt sich also aus vier Teilchen zusammen, von denen zwei eine positive Ladung tragen. Man kann somit bei ihm die bekannte Schreibweise für Nuklide anwenden, welche dann schließlich so aussieht:

$^4_2\alpha$.

Diese Konstellation „$^4_2$" kennt man allerdings auch noch von dem Element Helium, dessen häufigstes Isotop dieselbe Bezeichnung trägt (natürlich mit einem „He" für Helium anstelle des „α"). Aus diesem Grund wird das Alphateilchen auch als „Heliumatomkern" bezeichnet, da ihm die zwei Elektronen, welche ein Heliumatom noch beherbergt, fehlen.

Diese Schreibweise wird z. B. genutzt, um Rechnungen mit den Teilchen durchzuführen oder um zu errechnen, wie sich das Atom, welches das Alphateilchen (oder den Heliumatomkern) ausgesandt hat, verändert hat. Damit sind wir auch schon beim Zerfall eines instabilen/radioaktiven Atoms – sprich: der Aussendung eines Alphateilchens.

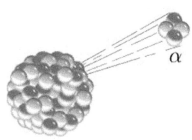

Abb. III. 3: Ein Atomkern sendet ein Alphateilchen aus.

Beim α-Zerfall eines Atomkerns (wann genau das ist, klären wir im Kapitel III. 6. Die Halbwertszeit) sendet dieser ein Alphateilchen (auch α-Strahl genannt) aus – somit verringert sich seine Kernladungszahl (und auch das Element dem er angehört) sowie seine Neutronenzahl um zwei. Folglich sinkt die Massenzahl um vier – es hat also sowohl eine Element- als auch eine Isotopenumwandlung stattgefunden. Hier als Beispiel die Formel des α-Zerfalls des Isotops $^{210}_{84}$Po (Polonium):

$$^{210}_{84}\text{Po} \rightarrow \, ^{206}_{82}\text{Pb} + \, ^{4}_{2}\alpha + 5{,}3 \text{ MeV}$$

Das Isotop $^{210}_{84}$Po verwandelt sich während des Zerfallsprozesses in das Isotop $^{206}_{82}$Pb (Blei). Dabei wird der Kern des Ausgangsisotops übrigens auch Mutterkern und der Kern des Folgeisotops auch Tochterkern genannt. Die ausgetretenen Nukleonen bilden das Alphateilchen $^{4}_{2}\alpha$. Wofür aber steht das 5,3 MeV?

Wichtig zu wissen ist, dass bei jedem α-Zerfall Energie freigesetzt wird. Da diese Energie (wie fast alles in der Kernphysik) sehr gering ist, wird sie in der Einheit eV (Elektronenvolt) angegeben. MeV steht für Megaelektronenvolt und ist ein Vielfaches dieser Einheit. Die bei dem Zerfall ausgestoßene Energie variiert je nach dem Isotop. Die Energie, welche ein Alphateilchen hat, bestimmt seine Reichweite. A-Strahlen haben nämlich keine unbegrenzte Reichweite – im Durchschnitt fliegen sie in der Luft „nur" weniger als zehn Zentimeter und in festen Stoffen 0,1 Zentimeter weit. Energiereichere α-Strahlen/Alphateilchen haben also eine größere Reichweite als energieärmere und können auf ihrem Weg mehr Atome ionisieren (= in ein Ion verwandeln [α-Strahlung ist eine ionisierende Strahlung]).

Hier noch ein wenig zu den Eigenschaften dieser Strahlung: A-Strahlung ist wegen ihrer geringen Reichweite auch relativ leicht abzuschirmen. Da sie nur ca. einen Millimeter Feststoff durchdringen kann, wird sie bereits durch einfache Hilfsmittel wie z. B. ein Blatt Papier abgeschirmt werden (bei anderen Strahlungen ist das Abschirmen etwas schwieriger).

Die α-Strahlung ist wegen ihrer ausgesandten Alphateilchen wie alle anderen Strahlungen auch für Menschen gefährlich (siehe Kapitel III. 9. Gefährdung für Organismen durch Strahlung).

Da α-Strahlung ja positiv geladen ist, wird sie durch ein Magnetfeld beeinflusst und wandert zum Minuspol des Feldes.

Soviel zu der α-Strahlung. Nun kommen wir zur β-Strahlung.

Die β-Strahlung (auch Betastrahlung) ist eine weitere Strahlungsart. Wie gesagt, gibt es insgesamt drei radioaktive Strahlungen: die uns bereits bekannte α-Strahlung, dann eben die β-Strahlung und auch noch die γ-Strahlung. Allerdings gibt es auch noch viele andere Arten von Strahlungen (Licht ist z. B. auch eine Strahlung), die allerdings nur wenig oder auch gar nichts mit der Kernphysik zu tun haben.

Die β-Strahlung ist allerdings ein wenig besonders, da sie sich in zwei verschiedene Arten aufteilt: Es gibt sowohl die β⁻-Strahlung, bekannter ist, als auch die β⁺-Strahlung. Die beiden Strahlungsarten sind sich zwar vom Typ her ziemlich ähnlich, aber sie unterscheiden sich in einer Kleinigkeit: Beim β⁻-Zerfall wird ein Elektron ausgesendet, während bei dem β⁺-Zerfall das Gegenstück zum Elektron den Atomkern verlässt – ein sogenanntes Positron (dieses Teilchen ist sehr selten, da es Antimaterie ist). Nun könnte man denken, die sei doch ein großer Unterschied, aber im Vergleich zu den anderen Strahlungsarten – bei der α-Strahlung wird ein ganzer Atomkern emittiert und die γ-Strahlung ist eine elektromagnetische Strahlung (dazu später mehr) – ist er dann doch nicht so groß. Kommen wir zuerst zur β⁻-Strahlung.

Diese Strahlung kommt häufiger vor als die β⁺-Strahlung und ist auch bekannter als diese. Aus diesem Grund wird sie auch meistens als β-Strahlung anstatt β⁻-Strahlung bezeichnet. Der Ursprung der β-Strahlung ist wie bei allen Strahlungen der Zerfall eines radioaktiven Atomkerns. Jeder Atomkern emittiert bei seinem Zerfall eine andere Strahlungsart. Die Atomkerne eines Isotops verhalten sich in der Regel beim Zerfall aber eigentlich gleich. (Dennoch gibt es auch hier Ausnahmen: Bei manchen Isotopen gibt es zwei oder sogar mehr Zerfallsmöglichkeiten.)

Abb. III. 4: Ein Atomkern sendet ein Betateilchen
(Elektron) aus.

Den Zerfall eines β-Strahlung emittierenden Atomkerns wollen wir uns einmal genauer anschauen. B-Strahlung besteht ja aus β-Strahlen (auch Betateilchen) und diese wiederum sind Elektronen. Der Name Betateilchen (auch β-Teilchen) ist somit ein wenig überflüssig, da das beschriebene Teilchen ja sowieso schon einen Namen hat: nämlich Elektron (oder in der Kurzschreibweise e⁻). Die Elektronen befinden sich im Atom in seiner Hülle. Allerdings wurden bei aus dem Atom austretenden Betateilchen (also Elektronen) hohe Energiewerte gemessen, sodass man sicher war, dass das Elektron nicht aus der Hülle des Atoms kam. Wie kann das sein?
1913 entdeckte Frederick Soddy (1877 – 1956), dass sich beim β-Zerfall eines Atoms die Kernladungszahl des Atomkerns um eins erhöht. Demnach muss sich beim β-Zerfall eine Kernreaktion abspielen. Dem ist auch so: Beim β-Zerfall wandelt sich ein Neutron im Kern des Atoms in ein Proton (daher die sich erhöhende Kernladungszahl [Protonen sind ja positiv geladen]) und ein Elektron, das aus dem Atomkern sofort mit hoher Energie ausgeschleudert wird. Mitte des 20. Jahrhunderts fand

man allerdings auch heraus, dass noch ein weiteres Teilchen, und zwar ein Antineutrino, den Atomkern beim β-Zerfall verlässt.

Beim β-Zerfall verändert sich also die Kernladungszahl, aber nicht die Elektronenzahl! Das ausgeschleuderte Elektron wird nicht wieder eingefangen; das Atom wird somit zu einem Ion (β-Strahlung ist somit eine ionisierende Strahlung). Da die Massenzahl höher wird, ist das Atom nun ein Kation und es gehört somit einem anderen Element an. Hier die Gleichung des β-Zerfalls:

Neutron (n) → Proton (p) + Elektron (e⁻) + Antineutrino + Energie

$^{204}_{81}Tl$ → $^{204}_{82}Pb$ + e⁻ + Antineutrino + Energie: 0,764 MeV (Beispiel eines β-Zerfalls)

Bei solchen Gleichungen ist es, wie der Name schon sagt, immer wichtig, dass auf beiden Seiten dieselbe Menge an z. B. Teilchen, Energie, Ladung usw. steht. Das Antineutrino kann so z. B. nicht einfach weggelassen werden, da die Gleichung sonst nicht vollständig wäre und so gegen die physikalischen Gesetze verstoßen würde.

Soweit zum β-Zerfall – nun beschäftigen wir uns mit der β-Strahlung und ihren Eigenschaften.

B-Strahlung ist zwar nicht so energiereich wie α-Strahlung, kann aber dennoch Materie besser durchdringen, da sie nur aus einem Elektron besteht (α-Strahlung hingegen besteht aus zwei Protonen und zwei Neutronen) und zudem auch noch eine geringere Ladung hat: nämlich -1e (α-Strahlung hat eine Ladung von +2e). Jedenfalls beträgt die Reichweite der β-Strahlen (auch β-Teilchen) in dem Medium Luft einige Meter (es gibt keinen genauen Wert, da die Energie der β-Teilchen variiert), während die α-Strahlung etwa zehn Zentimeter Reichweite hat. In Feststoffen ist die Reichweite der Strahlung logischerweise kleiner, nämlich nur einige Millimeter (α-Strahlung: ungefähr 0,1 mm), sodass die ß-

Strahlung durch einige Materialien, z. B. eine Blei- oder Aluminiumplatte mit einer Dicke von einigen Millimetern, abgeschirmt werden kann.

B-Strahlung ist für den Menschen nicht so gefährlich wie die uns bekannte α-Strahlung. Will man die Gefahr von Strahlung berechnen (dazu mehr in Kapitel II.9.), so ist α-Strahlung im Durchschnitt ungefähr zehn- oder zwanzigmal so gefährlich wie β-Strahlung.

Außerdem ist β-Strahlung, wie wir wissen, eine geladene Strahlung und wird somit von einem Magnetfeld beeinflusst. Im Gegensatz zu der α-Strahlung bewegt sie sich aber nicht zum Minuspol des Magnetfeldes, sondern zum Pluspol, da sie ja negativ geladen ist.

Kommen wir nun zur β⁺-Strahlung.

Die β⁺-Strahlung ist der β-Strahlung sehr ähnlich. Die Eigenschaften der β⁺-Strahlung sind im Prinzip gleich mit denen der β⁻-Strahlung, wenn man einmal davon absieht, dass die Teilchen, aus denen die β⁺-Strahlung besteht, positiv geladen sind. Diese Teilchen, genannt Positronen, weil sie im Prinzip das Gegenstück zum negativ geladenen Elektron sind, unterscheiden sich fast nur in der Ladung zu diesem. (Positronen gehören allerdings zur sogenannten Antimaterie. Somit können Positronen in dieser Welt nicht lange existieren. Ein Positron wird sich immer das nächste Elektron suchen und mit diesem reagieren.)

Der β⁺-Zerfall unterscheidet sich jedoch ein wenig mehr vom β-Zerfall. Hierzu ein Beispiel:

$$^{22}_{11}Na \rightarrow {}^{22}_{10}Ne + e^+ + \text{Neutrino (v)} + \text{Energie: 0,545 MeV}$$

Wir sehen auf den ersten Blick, dass anstelle des Antineutrinos ein Neutrino emittiert wird (das ist auch eine Eigenheit des β⁺-Zerfalls). Außerdem merkt man, dass sich die Kernladungszahl nicht wie im β-Zerfall um eins erhöht, sondern um eins erniedrigt. Wie kann das sein?

Im Kern des Atoms kommt es zu einer anderen Kernreaktion. Hier wandelt sich ein Proton in ein Neutron und ein Positron, welches sofort ausgeschleudert wird, und ein Neutrino um. Somit bleibt hier die Massenzahl des Kerns wieder gleich, aber die Kernladungszahl wird wegen des sich umgewandelten Protons, das nun fehlt, erniedrigt. Hier folgt die Gleichung des β^+-Zerfalls:

Proton → Neutron + Neutrino + Positron + Energie

Nach dem β^+-Zerfall befinden sich im Atom mehr Elektronen als Protonen. Somit ist das Atom negativ geladen und wird durch den Zerfall zu einem Anion. Dieses Anion ist meist auch noch sehr instabil, sodass oft noch weitere Zerfälle folgen (siehe Kapitel III. 7. Die Zerfallsreihen), bei denen γ-Strahlung emittiert wird (weitere Zerfälle sind übrigens meistens ganz normal – manchmal braucht es beispielsweise 10 oder mehr Zerfälle hintereinander, um auf ein stabiles Isotop zu kommen (siehe Kapitel III. 7. Zerfallsreihen). Jetzt geht es jedenfalls um die γ-Strahlung.

Die γ-Strahlung ist die letzte der drei Strahlungsarten. Sie unterscheidet sich von den anderen, da sie im Gegensatz zu der α- und der β-Strahlung eine elektromagnetische Strahlung ist. Somit besteht die γ-Strahlung aus Wellen und nicht aus Teilchen.
Der γ-Zerfall ist auch anders, da bei diesem keine Kernumwandlungen passieren. Allerdings verändern γ-Strahler (also γ-Strahlung aussendende Atome/Isotope) dennoch ihre Kernladungs- und/oder Massenzahl. Wie kann das sein?
Γ-Strahlung tritt bei Zerfällen in der Regel nur kombiniert mit einer anderen Strahlungsart auf. Die Strahlung allein hat somit keine Wirkung auf den Atomkern. In diesen Hinsichten unterscheidet sich die γ-Strahlung auch von den anderen Strahlungsarten.
Bei γ-Strahlung wird nur Energie in sogenannten Quan-

ten emittiert. Dieser Prozess ist allerdings sehr komplex und wird hier, da er für die folgenden Kapitel unwesentlich ist, nicht thematisiert.

Auch das Abschirmen dieser Strahlung ist schwieriger als das der α- oder β-Strahlung. Um den γ-Strahlen merklich Energie zu entziehen, braucht es z. B. Bleiplatten von mehreren Dezimetern Dicke. Aber selbst dann ist die Strahlung nur geschwächt und immer noch zu einem kleinen Teil vorhanden. In der Tat ist es sehr schwierig γ-Strahlung vollständig abzuschirmen – dies ist nahezu unmöglich.

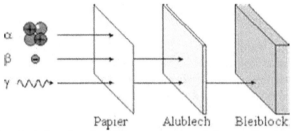

Abb. III. 5: Die drei Strahlungsarten, welche mit Papier (α), Aluminium (β) oder Blei (γ) abgeschirmt werden können.

An dieser Stelle noch einmal etwas zu dem Abschirmen von Strahlungen. Zwar haben z. B. Alphastrahlen nur eine durchschnittliche Weite von ca. zehn Zentimetern, aber sie sind dennoch gefährlich, denn sie ionisieren auf ihrem Weg viele Atome. So kann die Strahlung auf indirektem Wege schaden. Man sollte also nicht denken, dass ein α-strahlendes Präparat nur in einem Umkreis von ca. 10 Zentimetern gefährlich ist. Nein, die radioaktive Strahlung kann Raum überwinden und in Extremfällen sogar Abschirmungen unnütz machen – dennoch ist das Maß an Strahlung, das uns erreicht, nicht schädlich. Nun weiter mit der γ-Strahlung.

Diese Strahlung ist für Organismen ungefähr so gefährlich wie die β-Strahlung – die α-Strahlung bleibt somit am schädlichsten.

Eine weitere Eigenschaft der γ-Strahlung ist, dass sie keine Ladung besitzt. Somit kann diese Strahlungsart nicht von Magnetfeldern beeinflusst werden und läuft einfach ungeachtet der Pole durch diese hindurch.

Merksatz: Es gibt drei Strahlungsarten: α-Strahlung, β⁻-Strahlung (und die ihr ähnliche β⁺-Strahlung) und γ-Strahlung.

Alphastrahlen sind Heliumatomkerne; sie bestehen aus zwei Protonen und zwei Neutronen (vier Nukleonen) und sind somit positiv geladen – sie können schon durch Papier abgeschirmt werden.

Betastrahlen sind Elektronen, die aus dem Kern des Atoms kommen – sie sind einfach negativ geladen und können schon durch dünne Metallplatten abgeschirmt werden. B⁺-Strahlen sind Positronen und verhalten sich ähnlich wie β⁻-Strahlen.

Gammastrahlen sind elektromagnetische Wellen, die nur durch dicke Bleiplatten merklich geschwächt werden können – sie haben keine Ladung und sind somit neutral.

Soweit zu den Strahlungsarten. Da wir nun die Grundeigenschaften der radioaktiven Strahlungen kennen, können wir uns im Folgenden genauer mit deren Auswirkungen, Gefahren und sogar Nutzen befassen. Fangen wir im nächsten Teilkapitel gleich damit an. Es geht nämlich darum, welche Sonderfälle in Atomen durch die Aufnahme von z. B. radioaktiver Strahlung passieren können.

III. 3. Kernumwandlungen

Nun kommen wir dazu, was durch die Einwirkung von Radioaktivität in den Atomkernen geschehen kann. Diese Vorgänge nennt man Kernumwandlungen oder Kernreaktionen. Beginnen wir gleich mit einer solchen Reaktion.

Im Jahr 1919 beschoss Rutherford Stickstoff (Isotop ^{14}N) mit Alphastrahlen. Dabei erreichte er die erste künstliche Kernreaktion. Den Beschuss des Stickstoffes führte Rutherford in einer Nebelkammer durch.
Eine Nebelkammer ist eine dicht verschlossene, mit meistens aus einem Gemisch aus Alkohol und Luft gefüllte Kiste. In dieser lassen sich die Flugbahnen der Alphateilchen erkennen, da diese auf ihrem Weg Atome ionisieren. Rutherford jedenfalls sah die geradlinigen Spuren der Alphateilchen, aber er sah auch ab und zu, wie sich eine Spur eines Alphateilchens in zwei Spuren verzweigte – und zwar in eine sehr lange und eine kurze. Wie konnte das sein?
Schließlich stellte sich heraus, dass die längere Spur von einem frei gewordenen Proton stammt. Demnach muss in einem Stickstoffkern eine Kernreaktion stattgefunden haben. Hier die Reaktionsgleichung:

$$^{14}_{7}N + ^{4}_{2}\alpha \rightarrow ^{18}_{9}F^* \rightarrow ^{17}_{8}O + ^{1}_{1}p$$

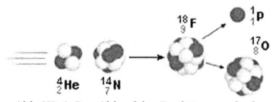

Abb. III. 6: Der Ablauf der Reaktion grafisch dargestellt.

Der Stickstoffkern nahm das Alphateilchen auf und wurde dann zu einem Fluorkern (Massenzahl: +4; Kernladungszahl: +2). Das Sternchen (*) bedeutet, dass der Fluorkern sehr viel Energie hat (in einem energetisch hohen Zustand ist) und deswegen auch sehr schnell wieder zerfällt (er lebt nur um die 10^{-15} Sekunden lang). Dieser Fluorkern jedenfalls zerfällt in einen Sauerstoffatomkern, der eine um eins geringere Kernladungs- und Massenzahl hat. Zusätzlich wird noch ein Proton frei, welches, wie gesagt, der längere Strahl ist.

Soweit zu dem Verlauf dieser Kernumwandlung. Es gibt auch noch eine etwas gebräuchlichere Schreibweise von Kernreaktionen. Hier diese Schreibweise am Beispiel der uns schon bekannten Kernumwandlung:

$$^{14}_{7}N \ (\alpha, p) \ ^{17}_{8}O$$

Diese Gleichung kann man wie folgt lesen: Ein Stickstoffatomkern (Massenzahl 14, Kernladungszahl 7) wandelt sich unter Einfang eines Alphateilchens in einen Sauerstoffkern (Massenzahl 17, Kernladungszahl 8) und ein ausgestoßenes Proton um (der sehr kurzlebige Fluorkern wird hier nicht erwähnt). Diese Schreibweise ist meistens bei Kernreaktionen die gebräuchlichere. Jedenfalls gelang Rutherford mit dieser Kernreaktion die erste künstliche Kernumwandlung.

Die Kernreaktionen mit Alphateilchen sind allerdings schwer zu bewerkstelligen. Wir sahen ja, dass die von Rutherford hervorgerufene Kernreaktion nur sehr selten geschah. Wenn man leichter Kernumwandlungen hervorrufen möchte, braucht man also Teilchen, die besser in ein Atom eindringen können. Dazu eignen sich am besten ungeladene Teilchen, also die Neutronen.

Das Neutron selbst wurde allerdings bei einer Kernreaktion unter Alphabeschuss entdeckt. James Chadwick (1891 – 1974) beschoss Atome des Elements Beryllium mit Alphateilchen und erhielt darauf als Produkt ein Kohlenstoffisotop und ein frei gewordenes Neutron.

Dennoch können Neutronen aufgrund ihrer nicht vor-

handenen Ladung leicht in die Kerne von Atomen eindringen – wenn das geschieht, spricht man von einem
Neutroneneinfang. Ein klassisches Beispiel von Neutroneneinfang kommt hier:

$^1_1H (n, \gamma) \, ^2_1D$

Ein Wasserstoffatom mit nur einem Proton und keinem
Neutron wandelt sich unter Einfang eines Neutrons in ein
anderes Wasserstoffisotop mit einem Proton und einem
Neutron um (Das „D" steht für Deuterium – so wird das
zweite Isotop des Elements Wasserstoff genannt). Bei
dieser Kernumwandlung wird γ-Strahlung emittiert.
Wir sehen also: Auch Neutronenstrahlen sind für Organismen gefährlich, da beim Neutroneneinfang oft γ-
Strahlung ausgesendet wird (manchmal werden auch
Protonen ausgesendet).
Abzuschirmen sind Neutronenstrahlen nur schwer – sie
können durch meterdicke Betonschichten abgefangen
werden.
Neutronenstrahlen können allerdings auch von wasser-
stoffhaltigen Stoffen abgeschirmt werden (also z. B. Pa-
raffin oder Wasser). Wenn das Neutron nämlich dann auf
ein Atom des Elements Wasserstoff trifft, gibt es viel seiner Energie an dieses ab. Nach einigen Stößen hat das
Neutron dann nur noch wenig Energie und ist auch langsamer. Es ist nun ein sogenanntes thermisches Neutron –
die Bremssubstanz, in der das Neutron so viel Energie
verlor, heißt Moderator. Jedenfalls wird das thermische
Neutron bald, da es so langsam ist, von einem Kern eingefangen. (Für die Kernspaltung [Kapitel III.] werden übrigens auch thermische Neutronen benötigt, da die normalen zu schnell sind, um eine Spaltung hervorzurufen.)
Dieser Kern wird dann γ-Strahlung aussenden.

Merksatz: Nicht nur durch radioaktiven Zerfall können Atomkerne verändert werden – mit Teilchen beschossene Atomkerne verwandeln sich ebenso.

Die von Rutherford erzielte Reaktion, als er Alphateilchen auf Stickstoffatome schoss ($^{14}_7N$ (α, p) $^{17}_8O$), zeigt sehr gut, dass das Gleichgewicht im Atom zerstört werden kann, was Kernreaktionen hervorruft, bei denen schließlich sogar Atome neuer Elemente entstehen. Neutronen sind aufgrund ihrer nicht vorhandenen Ladung dafür aber eigentlich besser geeignet.

Soviel zu den Kernumwandlungen. Im nächsten Kapitel geht es darum, wie noch viel komplexere Zerfälle und Bildungen von Teilchen hervorgerufen werden können.

III. 4. Der Teilchenbeschleuniger

Der Teilchenbeschleuniger ist, grob gesagt, ein Gerät, das dazu benutzt wird, um Teilchen auf beinahe Lichtgeschwindigkeit zu beschleunigen und diese dann aufeinanderprallen zu lassen. Das hat den Sinn, herauszufinden, aus welchen kleineren Bestandteilen diese Teilchen bestehen. Natürlich kann man mit Hilfe von Teilchenbeschleunigern auch andere Dinge erforschen – viele Teilchen wären uns sicher ohne solche Maschinen heutzutage gar nicht bekannt. Das ist somit ein guter Grund, sich mit diesen Geräten genauer zu befassen.

Teilchenbeschleuniger haben also die Aufgabe, Teilchen (z. B. Elementarteilchen, Atomkerne, Ionen) auf eine möglichst hohe Geschwindigkeit zu beschleunigen. Dies tun sie meist in langen Röhren, die unterirdisch verlegt werden. Die Teilchen werden mit Hilfe von Magnetfeldern, die Wellen erzeugen, transportiert. Zudem ist es wichtig, dass in den Röhren ein Vakuum herrscht. Ohne dieses wäre es gar nicht möglich die Teilchen so schnell (auf fast Lichtgeschwindigkeit, d. h. fast 300.000 km/s) zu beschleunigen, da die Luft zu viel Widerstand hätte, wodurch die Teilchen verlangsamt werden.

Sind alle diese Vorrausetzungen erfüllt, können in Teilchenbeschleunigern bestimmte Sorten von Teilchen auf hohe Geschwindigkeiten gebracht werden (aber eben nicht ganz auf Lichtgeschwindigkeit, da dafür enorm viel Energie nötig wäre). Es gibt auch Teilchenbeschleuniger in Deutschland. Am bekanntesten ist wohl das Deutsche Elektronen-Synchrotron (DESY) in Hamburg (mit seinen Anlagen DESY [gab der Einrichtung seinen Namen], DORIS [**D**oppel-**R**ing-**S**peicher], PETRA [**P**ositron-**E**lektron-**T**andem-**R**ing-**A**nlage], HERA [**H**adron-**E**lektron-**R**ing-**A**nlage], FLASH [**F**reie-**E**lektronen-**Las**er in **H**amburg] usw.).

Abb. III. 7: Die Anlagen HERA und PETRA des Deutschen Elektronen-Synchrotron (kurz: DESY).

Der erste Teilchenbeschleuniger „DESY" des gleichnamigen Instituts wurde von 1960 – 1963 erbaut. Er war zu seiner Zeit die größte Anlage der Welt (er konnte Elektronen auf 7,4 GeV [Gigaelektronenvolt – eine Milliarde Elektronenvolt, d. h. 1.000.000.000 eV] beschleunigen).

Wenn man sich ein wenig mit diesem Gebiet auskennt, so hat man vielleicht auch schon einmal den Namen CERN gehört. So heißt nämlich ein Forschungsinstitut in der Schweiz in der Nähe von Genf. CERN ist ein Akronym und steht für: **C**onseil **E**uropéen pour la **R**echerche **N**ucléaire – Europäische Organisation für Kernforschung. CERN ist also eine internationale Anlage; es wurde von zwölf Staaten gegründet und im Verlauf sind zehn weitere beigetreten. Es ist somit die zentrale Einrichtung in Europa zum Thema Kernforschung.

Der bekannteste Teilchenbeschleuniger im CERN ist der Large Hadron Collider (LHC) – er hat einen Umfang von 26.659 m und besitzt insgesamt 9.300 Magnete, welche zur Beschleunigung der Teilchen dienen. Dieser Teilchenbeschleuniger ist im Moment der größte Teilchenbeschleuniger der Welt. Im Jahr 2008 wurden erstmals Protonen (also Hadronen – deswegen der Name) in die Umlaufbahn gebracht und im Jahr 2010 gelang erstmals eine Kollision zweier Protonen mit insgesamt 7 TeV (Terraelektronenvolt [eine Billion eV, d. h. 1.000.000.000.000 eV]). Im Jahr 2015 ist die Energie dann auf unfassbare 14 TeV gesteigert worden. Zudem wurde in dem Forschungszentrum CERN auch vor kurzer Zeit das Higgs-Boson – ein bislang unerforschtes Elementarteilchen entdeckt.

Abb. III. 8: Ein Abschnitt des Large Hadron Collider (LHC) im CERN.

Kommen wir nun zu dem Aufbau von Teilchenbeschleunigern. Anfangs sollte man wissen, dass es zwei Sorten von Teilchenbeschleunigern gibt: Es gibt kreisförmige Teilchenbeschleuniger und Linearbeschleuniger. Dabei sind Kreisbeschleuniger meistens effektiver, da in ihnen Objekte mehrmals durch den Beschleuniger geschickt werden können, wodurch diese mehr Geschwindigkeit bekommen.

Viele Teilchenbeschleuniger sind allerdings auch gar nicht so lang. In der Strahlentherapie (siehe Nuklearmedizin) werden z. B. Linearbeschleuniger mit einer Länge von wenigen Metern benutzt. Teilchenbeschleuniger wie die in den Forschungszentren DESY und CERN sind eher selten – sie werden aufgrund ihrer großen Länge auch Großbeschleuniger genannt.

Nun zu den verschiedenen Typen von Teilchenbeschleunigern: Hier sind einmal sechs Beispiele.

➢ Tandembeschleuniger: Der Tandembeschleuniger ist ein Linearbeschleuniger, der eine Weiterentwicklung des Van-de-Graaff-Beschleunigers ist, welcher wiederum einer der ersten Teilchenbeschleuniger überhaupt war. Den Tandembeschleuniger durchqueren die Objekte zweimal, da sie nach der ersten Beschleunigung von einem „Terminal" in der Mitte des Beschleunigers umgeladen werden.

➢ Linearbeschleuniger: Der Linearbeschleuniger, auch LINAC oder Linac (engl. **lin**ear **ac**celerator), beschleunigt seine Teilchen, wie der Name schon sagt, geradlinig. Der längste Teilchenbeschleuniger (SLAC) steht in Kalifornien und ist 3 Kilometer lang.

➢ Betatron: Das Betatron wird auch Elektronenschleuder genannt, da es ein Kreisbeschleuniger für leicht geladene Teilchen wie Elektronen oder Positronen ist. Allerdings wurde das Betatron mit der Zeit durch andere Beschleuniger verdrängt.

➢ Zyklotron: Das Zyklotron ist ein Kreisbeschleuniger, der durch ein Magnetfeld geladene Teilchen auf eine spiralförmige Bahn bringt. Das Zyklotron ist somit effektiver, da es die Bahn entgegen eines Linearbeschleunigers mehrfach nutzen kann. Zyklotrone beschleunigen Teilchen auf Energien von 10 bis 500 MeV und werden z. B. in der Positronen-Emissions-Tomographie (PET, siehe Kapitel III. 10. Nuklearmedizin) eingesetzt.

➢ Synchrotron: Das Synchrotron ist ein Ringbeschleuniger, der geladene Teilchen (z. B. Elementarteilchen oder Ionen) mit sehr hohen Geschwindigkeiten und kinetischen Energien versehen kann. Oft sind Synchrotrone Großbeschleuniger, wie z. B. der Teilchenbeschleuniger DESY.

➢ Speicherring: Der Speicherring ist eine Sonderform des Synchrotrons und wie dieses ein Ringbeschleuniger. Die Aufgabe eines Speicherrings besteht darin, Teilchen und ihre Energien über einen Zeitraum aufrechtzuerhalten. Dies passiert in einem Ring, der die Teilchen durch Magnete auf ihrer Bahn hält.

Merksatz: Teilchenbeschleuniger sind wissenschaftliche Maschinen, die dafür geeignet sind, Teilchen auf sehr hohe Geschwindigkeiten zu bringen und sie dann miteinander kollidieren zu lassen.

In Deutschland gibt es das Forschungszentrum DESY (Deutsches Elektronen-Synchrotron) und in der Schweiz die internationale Einrichtung CERN (Conseil Européen pour la Recherche Nucléaire).

Es gibt grundsätzlich zwei Arten von Teilchenbeschleunigern: Ringbeschleuniger (z. B. Betatron, Zyklotron, Synchrotron, Speicherring) und Linearbeschleuniger (z. B. Van-de-Graaff-Beschleuniger, Tandembeschleuniger, klassischer Linearbeschleuniger).

Nun kennen wir einige Arten von Teilchenbeschleunigern. Zusammenfassend lässt sich wohl sagen, dass die Beschleuniger interessante Maschinen sind, die uns die Forschung in den Bereichen Kern- und Elementarteilchenphysik sehr erleichtern. Natürlich ließe sich noch weit mehr über sie berichten, aber da dieses Buch für Einsteiger sein soll, und die Teilchenbeschleuniger eine Wissenschaft für sich sind, ist es wohl sinnvoller, es bei diesen Eindrücken zu belassen. Im anschließenden Kapitel beschäftigen wir uns nun mit der Aktivität, Äquivalentdosis und Energiedosis.

III. 5. Aktivität, Energiedosis und Äquivalentdosis

Wir wissen bereits, dass es radioaktive Stoffe gibt, die Strahlung aussenden. Allerdings haben wir uns noch nicht damit beschäftigt, in welchen Einheiten diese Strahlung gemessen wird. Das werden wir nun nachholen. Grundsätzlich lässt sich sagen, dass es drei verschiedene Einheiten zum Messen von Strahlung gibt:

→Aktivität A in Becquerel [Bq]
→Energiedosis D in Gray [Gy]
→Äquivalentdosis H in Sievert [Sv]

Wir werden uns mit jeder Einheit separat befassen. Fangen wir an mit der Aktivität. Die Aktivität wird in Becquerel [Bq] gemessen (zu Ehren des französischen Physikers Henri Becquerel [1852 – 1908]) und gibt die Zerfälle eines radioaktiven Präparats pro Sekunde an. Die Einheit gibt also an, wie viele Teilchen Strahlung von einem radioaktiven Objekt innerhalb der Zeiteinheit 1s ausgesandt werden. Die Art der Strahlung ist hierbei egal.

Jetzt stellt sich natürlich die Frage: Wie viel Strahlung ist 1Bq eigentlich? Ziemlich wenig, ist die Antwort. Es ist ja schließlich auch nur der Zerfall eines einzigen Atoms. Und wenn wir uns daran erinnern, dass ein Atom sehr, sehr klein ist, wird uns klar, dass eine Strahlung von 1Bq überhaupt nicht wesentlich ist.

Tatsächlich haben viele radioaktive Präparate Aktivitäten von 10.000, 100.000 oder gar 1.000.000 Bq. In diesem Bereich stellt die Strahlung dann auch eine ernst zu nehmende Gefahr für den menschlichen Körper dar (siehe Kapitel III. 9. Gefährdung für Organismen durch Strahlung, die normale Strahlenbelastung). Das Element Uran hat z. B. eine Strahlungsaktivität von 25.290.000 Bq. Diese Dosis ist extrem gefährlich und kann schon nach kurzer Zeit tödlich wirken.

Zudem muss man noch sagen, dass die Masse, von der die Strahlungsaktivität gemessen wird, im Normalfall ein Kilogramm beträgt. Deshalb wird die Aktivität auch in Bq/kg angegeben.

Es gibt außerdem eine andere Maßeinheit zur Aktivität, nämlich Curie [Ci] (zu Ehren von Marie Curie [1867 – 1934] und Pierre Curie [1959 – 1906]). Diese Einheit ist aber inzwischen veraltet. 1Ci entspricht hierbei $3{,}7 \cdot 10^{10}$ Becquerel.

Die Aktivität gibt also die Zerfälle eines radioaktiven Präparats innerhalb von einer Sekunde in Becquerel an.

Kommen wir nun zu der Energiedosis. Die Energiedosis D gibt an, wieviel Energie ein Körper durch das Auffangen von radioaktiver Strahlung gewinnt. Die Energiedosis wird in Gray [Gy] gemessen (in Anlehnung an den Physikers Louis Harold Gray [1905 – 1965]).

Das kann man so verstehen: Jede Strahlung dringt in einen Körper ein. Wenn sie dort mit einem Atom kollidiert, so verändert sich das Atom – es kann z. B. ionisiert werden. Das heißt, dem Atom werden geladene Teilchen entzogen (oder auch zugeführt) und es ist nach diesem

Vorgang nicht mehr neutral geladen (bis es eventuell Elektronen abgibt oder sich welche aus seiner Umgebung holt). Bei diesen Vorgängen wird auch immer Energie freigesetzt, welche dann in der Energiedosis gemessen wird.

Allerdings ist die Ionisation oder die generelle Einwirkung von Strahlung für Organismen gefährlich. Deshalb versuchen wir Menschen ja auch möglichst wenig mit dieser Strahlung konfrontiert zu werden.

Neben der Energiedosis gibt es auch noch die Ionendosis J. Sie wird in Coulomb/kg angegeben und wird genutzt, um die Energie zu messen, die durch ionisierende Strahlung von Körpern absorbiert wird. Somit ist sie ähnlich wie die Energiedosis.

Die Energiedosis wird allerdings nicht oft für Organismen genutzt – da kommt dann die Äquivalentdosis ins Spiel.

Die Äquivalentdosis H wird in Sievert [Sv] gemessen. Sie gibt die relative biologische Wirksamkeit (RBW) an und berücksichtigt dabei die uns schon bekannte Energiedosis D.

Das meint: Fast jede Strahlungsart, ob Alphastrahlung, Betastrahlung, Gammastrahlung, Röntgenstrahlung, Protonenstrahlen oder Neutronenstrahlen, schädigt den menschlichen Körper. Allerdings sind manche Strahlungsarten schlimmer als andere und belasten den menschlichen Körper mehr. Aus diesem Grund gibt es die Äquivalentdosis: Sie stellt die Wirksamkeit von Strahlungen im Vergleich passend dar.

Um die genaue Strahlungsintensität zu ermitteln, muss man die uns schon bekannte Energiedosis D mit einem sogenannten Qualitätsfaktor Q multiplizieren, welcher die genaue Wirksamkeit der Strahlungsart (diese muss man natürlich bestimmen) verkörpert, sodass am Ende die Äquivalentdosis das Produkt ist. Somit ist die Äquivalentdosis je nach Strahlungsart bei gleicher Energiedosis unterschiedlich, wodurch die RBW berücksichtigt wird.

Wichtig hierbei ist zudem die Energie der Strahlung – von dieser hängt der Qualitätsfaktor auch ab. Hier ein Überblick über die Qualitätsfaktoren bei einigen Strahlungsarten:

Strahlungsart	Energie in keV	Qualitäts-faktor Q
Betastrahlung, Gammastrahlung	<3,5	1
Alphastrahlung Neutronenstrahlen, Protonenstrahlen	3,5 - 7,0	1 - 2
	7 - 23	2 - 5
	23-53	5 - 10
	>53	10 - 20

Abb. III. 9: Überblick über die Qualitätsfaktoren.

Kommen wir nun zu der Einheit der Äquivalentdosis. Sie heißt, wie wir wissen, Sievert (benannt nach Rolf Maximilian Sievert [1896 – 1966]) – doch wieviel ist eigentlich ein Sievert? Grundsätzlich ist die Einheit Sievert gleichzusetzen mit Gray. Nur ist der Betrag in Sievert das Produkt aus D und Q. Somit sind die beiden Einheiten auch wiederum unterschiedlich.

Die Strahlenbelastung von Menschen wird logischerweise in Sievert – der Äquivalentdosis – und nicht in Gray angegeben. Wichtig ist dabei, in welchem Zeitabschnitt die Dosis gemessen wurde. So gibt es die Einheiten Sv/s (Sievert pro Sekunde), Sv/min (Sievert pro Minute), Sv/h (Sievert pro Stunde) usw. Zudem existieren auch noch die Einheiten Millisievert (mSv – entspricht $1/_{1.000}$ Sievert und Mirkosievert (µSv – entspricht $1/_{1.000.000}$ Sievert).

In Kapitel III. 9. (Gefährdung für Organismen durch Strahlung, die normale Strahlenbelastung) werden wir uns noch ausführlicher damit beschäftigen, wie Strahlung auf den Menschen wirkt und was für Schäden hervorgerufen werden können. Deshalb kommt an dieser Stelle nur eine kurze Tabelle:

Betrag in Sievert	Kommentar
ca. 1,7 mSv	durchschnittliche Strahlenbelastung in Deutschland
davon ca. 1,15 mSv/Jahr	natürliche Strahlenbelastung
und ca. 0,55 mSv/Jahr	Radiodiagnostik
0,05 Sv/Jahr	durchschnittliche zulässige Höchstdosis, nach Strahlenschutzverordnung (StrlSchV)
0 – 0,25 Sv	keine sichtbaren Schäden
0,25 – 2 Sv	Krankheit durch Strahlung, nicht tödlich
2 – 4 Sv	schwere Strahlenkrankheit, bis 50% Todesfälle

Abb. III. 10: Werte der Strahlenbelastung.

Wir können also sehen, dass Belastungen von 0,25 – 4 Sv/Jahr gefährliche Folgen haben können, wodurch das Höchstmaß im Jahr von 0,05 Sv durchaus berechtigt scheint.

Neben der Einheit Sievert gibt es noch die alte Einheit rem, welche eigentlich abgeschafft ist, aber dennoch häufig benutzt wird. 1 rem entspricht 0,01 Sievert.

Soweit zu der Äquivalentdosis.

Merksatz: Radioaktive Strahlung kann in drei Einheiten gemessen werden. Man kann sie in der Aktivität A [in Becquerel] messen – dabei wird die Zahl der Zerfälle pro Sekunde registriert.

Sie kann in der Energiedosis D [in Gray] gemessen werden – dabei ist die von einem Körper durch die Strahlung aufgenommene Energie von Bedeutung.

Außerdem kann man sie in der Äquivalentdosis H [in Sievert] messen – dabei wird auch die relative biologische Wirksamkeit (RBW) berücksichtigt. Man multipliziert dazu die Energiedosis D mit einem Qualitätsfaktor Q.

Nun haben wir uns ausführlich mit der Aktivität A, der Energiedosis D und insbesondere mit der Äquivalentdosis H beschäftigt. Im Kapitel III. 9. werden wir uns noch ausführlicher mit dem Wirken von Strahlen auf Organismen beschäftigen. Nun kommen wir erst mal zu einem weiteren wichtigen Begriff im Bereich der Radioaktivität: der Halbwertszeit.

III. 6. Die Halbwertszeit

Wir wissen bereits, dass radioaktive Atome an einem bestimmten Zeitpunkt zerfallen und Strahlung aussenden. Doch wann ist dieser Zeitpunkt? Hier wird die Halbwertszeit von Bedeutung.

Die Halbwertszeit $T_{1/2}$ (Abkürzung: HWZ) ist die Zeit, in der die Hälfte der radioaktiven Atome eines Isotops im Durchschnitt zerfallen ist. Das muss man sich so vorstellen: Jedes Atom eines Radionuklids zerfällt an einem unbestimmten Zeitpunkt. Dieser Zeitpunkt ist aber ganz ungewiss. Der Zerfall kann sich schon Millisekunden nach der Entstehung des Atoms (radioaktive Atome zerfallen oft viele Male hintereinander [siehe folgendes Kapitel] – Entstehung bezeichnet hier den Zustand nach einem Zerfall) ereignen, aber auch erst nach Millionen von Jahren. Es ist aber so, dass jedes Radionuklid eine spezifische Zeitspanne hat, in der sich der Zerfall zumeist ereignet. Die Atome mancher radioaktiven Nuklide zerfallen z. B. im Durchschnitt schon nach Sekunden, aber die von anderen lassen sich Jahre Zeit, bis ihr Zerfall gekommen ist. Nun wollen Wissenschaftler natürlich einen Richtwert haben, der das Zerfallsverhalten eines Radionuklids beschreibt.

Allerdings lässt sich nicht genau nachweisen, wann es zu dem Zerfall eines radioaktiven Atoms kommt. Also muss man einen Durchschnittwert errechnen. Man nimmt dazu eine Menge eines Radionuklids, von der man ungefähr die Anzahl der Atome weiß, und notiert, wann wie viele Atome zerfallen sind (man braucht natürlich ein Messgerät, um dies festzustellen). Wenn die Hälfte der Atome dieses Nuklids zerfallen ist (also in ein anderes Element übergegangen ist), ist der Zeitpunkt gekommen, den man Halbwertszeit nennt.

Bei diesem Zeitpunkt existiert nun die Hälfte des Nuklids nicht mehr. Sie ist in ein anderes Nuklid übergegangen (und von diesem Nuklid vielleicht auch schon zu einem großen Teil in ein anderes). Wenn die Halbwertszeit unseres Radionuklids noch einmal vergeht, so bleibt von dem Isotop nur ein Viertel übrig, nach dem dreimaligen Vorüberziehen der Halbwertszeit nur noch ein Achtel usw.

Somit zerfällt die Stoffmenge exponentiell und aus diesem Grund gibt es die Halbwertszeit, die gut dafür geeignet ist, die verschiedenen Zerfallsschnelligkeiten von unterschiedlichen Radionukliden zu vergleichen.
Hierzu ein Diagramm:

Halbwertszeit

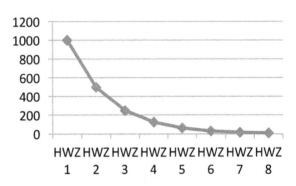

Abb. III. 10: Halbwertszeit – radioaktiver Zerfall.
Man erkennt, wie die Anzahl der Atome/Stoffmenge sich nach jeder Halbwertszeit um die Hälfte verringert und exponentiell zerfällt.

Soweit zu der Erklärung der Halbwertszeit. Die Halbwertszeit steht auch immer in Verbindung mit der Aktivität. Ist die Halbwertszeit z. B. sehr hoch, so ist die Aktivität des Radionuklids gering, ist die Halbwertszeit hingegen kurz, so hat das Präparat eine sehr hohe Aktivität. Das lässt sich so erklären: Ist die Halbwertszeit gering, so zerfallen in kürzerer Zeit mehr Atome, weil ja die Hälfte nach dem Vorüberziehen der HWZ zerfallen sein muss. Das hat dann zur Folge, dass viele Zerfälle gezählt werden, sodass die Aktivität einen hohen Wert hat. Ist die Halbwertszeit hoch, ist es genau umgekehrt.
Allerdings wird die Aktivität eines Stoffes auch geringer, da nach z. B. zwei Halbwertszeiten nur noch 25% der

Atome des Radionuklids übrig sind. Die Aktivität sinkt aber nur, wenn das Radionuklid, in das der Stoff zerfällt, eine sehr geringe Aktivität hat. (Hat der Stoff sogar eine niedrigere Aktivität als das Zerfallsprodukt, so kann die Aktivität der Stoffmenge sogar steigen.)

Wie schon erwähnt, können Halbwertszeiten sehr unterschiedlich sein, da jedes Radionuklid eine andere innere Stabilität hat, die auch unterschiedlich schnell zerbricht. Hier eine Tabelle mit einer Auswahl von Radionukliden, die die unterschiedliche Länge von Halbwertszeiten sehr passend darstellen:

Radionuklid	Halbwertszeit
Ununoctium-294	0,9 Millisekunden
Flerovium-287	0,5 Sekunden
Phosphor-29	4,1 Sekunden
Iridium-195	2,5 Stunden
Phosphor-32	14,5 Tage
Natrium-22	2,6 Jahre
Caesium-137	30,3 Jahre
Radium-226	1.600 Jahre
Uran-238	4,5 Milliarden Jahre (4.500.000.000 Jahre)
Bismut-209	19 Trilliarden Jahre (19.000.000.000.000.000.000 Jahre)

Abb. III. 11: Radionuklide und ihre Halbwertszeiten.

Man kann also sehen, dass die Halbwertszeiten in der Tat sehr unterschiedlich sind.

Das Isotop ^{209}Bi hat eine sehr lange Halbwertszeit – sie ist um vielfaches länger als die Lebensspanne des Universums. Somit hat Bismut – und auch einige andere Isotope – eine sehr geringe Aktivität. Sie werden auch primitive Nuklide genannt.

Im Periodensystem der Elemente sieht man oft die Halbwertszeiten vieler Isotope meist gar nicht, weil dort radioaktive Nuklide gar nicht erwähnt werden, wenn ein Element auch stabile Isotope hat. Hat ein Element nur radioaktive Isotope, so wird das mit der längsten Halbwertszeit aufgeführt. Um die Nuklide eines Elements einsehen zu können, braucht man eine Nuklidkarte, wo die Halbwertszeiten angegeben sind.

Merksatz: Die Halbwertszeit $T_{1/2}$ (HWZ) ist die Zeit, in der die Hälfte der Atome einer bestimmten Menge eines radioaktiven Nuklids zerfallen ist. Dabei zerfällt die Stoffmenge exponentiell.

Zudem steht die Halbwertszeit in antiproportionalem Bezug zu der Aktivität des Nuklids. Die Halbwertszeiten von radioaktiven Nukliden können sehr unterschiedlich sein – sie reichen von einigen Millisekunden bis hin zu Milliarden von Jahren.

Nun haben wir uns auch mit der Halbwertszeit befasst. Zudem wurde bereits erwähnt, dass ein Atom, das zerfällt, nicht verschwindet. Im Gegenteil – es wird zu einem anderen Radionuklid, welches dann auch wieder zerfällt usw. Und damit wären wir auch schon bei unserem neuen Thema – den Zerfallsreihen.

III. 7. Die Zerfallsreihen

Wir haben uns bereits mit dem radioaktiven Zerfall beschäftigt und im letzten Kapitel wurde auch schon thematisiert, dass Radionuklide in andere zerfallen. Nun wollen wir uns ausführlicher mit diesem Thema befassen: den Zerfallsreihen.

Grundsätzlich gibt es drei Zerfallsreihen. Die meisten häufig vorkommenden Radionuklide lassen sich in diese Reihen einordnen. Es ist nämlich so: Die Atome von Radionukliden zerfallen nicht willkürlich, sondern immer in einer bestimmten Zerfallsart (also α-Strahlung, β-Strahlung, β^+-Strahlung oder γ-Strahlung). Daraus ergibt sich dann ein bestimmtes Schema, das eine Zerfallsreihe genannt wird.

Eine Zerfallsreihe besteht aus verschiedenen Nukliden, die jeweils in das nachfolgende zerfallen. So entsteht gewissermaßen eine Kette, die ein Ausgangsnuklid hat. Dieses Nuklid zerfällt dann in das nächste Radionuklid der Zerfallsreihe und dieses Nuklid wieder in das nächste usw. Die einem Nuklid nachfolgenden Radionuklide werden Tochternuklid, Enkelnuklid, Urenkelnuklid usw. genannt.

Jede der drei Zerfallsreihen beginnt mit einem anderen Ausgangsnuklid, welches dann immer weiter zerfällt. Schließlich enden alle drei Zerfallsreihen in einem stabilen Bleinuklid. Allerdings brauchen Atome sehr lange, um alle Stufen einer Zerfallsreihe zu durchlaufen, da manche Nuklide sehr lange Halbwertszeiten haben. Aus diesem Grund gibt es auch von allen Nukliden noch Atome – von jenen mit längeren Halbwertszeiten mehr und von denen mit kürzeren weniger.

Die drei Zerfallsreihen heißen
→Uran-Actinium-Reihe,

→Uran-Radium-Reihe und
→Thorium-Reihe

und sind nach ihren Anfangsnukliden benannt.
Zudem haben die in den Zerfallsreihen vorkommenden Radionuklide auch noch andere Namen aus dem Zeitraum ihrer Entdeckung (z. B. Uran I, Actiuran und Uran II für die Uranisotope ^{238}U, ^{235}U, ^{234}U).

Hier zu jeder Reihe eine Darstellung:

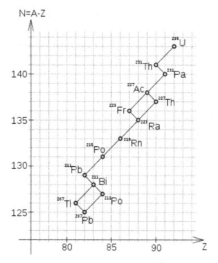

Abb. III. 12: Uran-Actinium-Reihe.

Dies ist eine Darstellung der Uran-Actinium-Reihe. Sie beginnt mit dem Isotop ^{235}U (Actiuran) und endet in dem Isotop ^{207}Pb (Actinium D).
Um den Verlauf des Zerfalls nachvollziehen zu können, muss man folgendes beachten: Bei der Aussendung eines Alphateilchens verliert ein Kern zwei Protonen und zwei Neutronen. Aus diesem Grund befindet sich das Zerfallsprodukt zwei Felder weiter unten und zwei Felder weiter links auf der Karte (z. B. ^{231}Pa → ^{227}Ac). Bei der β-Strahlung liegt das Produkt ein Feld weiter unten und ein

Feld weiter rechts, da ein Neutron im Kern zum Proton wird (z. B. ^{227}Ac → ^{227}Th, diese beiden Nuklide sind übrigens Isobare). Dabei bleibt die Massenzahl gleich und die Kernladungszahl verändert sich. Beim β$^+$-Zerfall ist es genau andersherum (ein Feld nach oben und eines nach links). In dieser Zerfallsreihe kommen aber nur Alpha- und Betazerfall vor. An den Achsen der Darstellung steht die Kernladungszahl (hier auf X-Achse) und die Neutronenzahl (hier auf Y-Achse). (Bei manchen Nuklidkarten ist dies allerdings anders – in diesem Fall ändern sich folglich auch die Zerfallsrichtungen.)

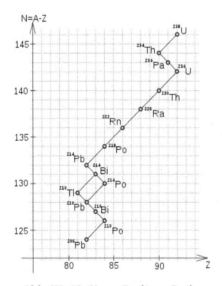

Abb. III. 13: Uran-Radium-Reihe.

Das ist die Darstellung der Uran-Radium-Reihe, die mit dem Isotop ^{238}U (Uran I) beginnt und mit dem stabilen Bleiisotop ^{206}Pb (Radium G) endet. Wir erkennen also, dass die Zerfallsreihen immer mit einem Element höherer Ordnungszahl (z. B. Uran) beginnen und dann nach und nach durch Alphazerfall Kernbausteine verlieren, bis sie schließlich bei einem stabilen Nuklid, das immer dem Element Blei angehört, enden.

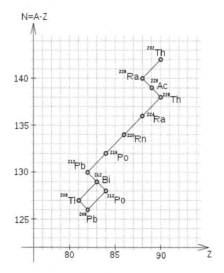

Abb. III. 14: Thorium-Reihe.

Das ist die Thorium-Reihe. Sie beginnt, wie der Name schon sagt, mit einem Thorium-Isotop (^{232}Th) und endet wie alle anderen Zerfallsreihen bei einem Bleiisotop (^{206}Pb – Thorium D). In dieser Zerfallsreihe gibt es vier Alphazerfälle und man kann gut sehen, wie sehr dadurch die Masse des Atomkerns beeinträchtigt wird (von 228 bis 212).

Zudem existiert auch noch eine vierte, nicht so bekannte Zerfallsreihe:

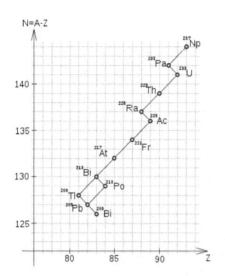

Abb. III. 15: Neptunium-Reihe.

Diese vierte Zerfallsreihe heißt Neptunium-Reihe und ist nicht so bekannt wie die anderen. Das liegt vielleicht daran, dass das Ausgangsnuklid ^{237}Np (eigentlich kann man an die Reihe auch noch einige Transurane [Elemente mit höheren Ordnungszahlen als Uran] anschließen) gar nicht mehr existiert, da von diesem Isotop schon alle Atome zerfallen sind (außer vielleicht einige, die in Kernkraftwerken als Abfallprodukt anfallen).

Jedenfalls endet diese Reihe nicht in einen Bleiisotop (Blei 209 ist radioaktiv), sondern bei dem Nuklid ^{205}Tl (Thallium 205 – auf der Darstellung nicht enthalten). Man dachte lange, dass diese Reihe bei ^{209}Bi endet, aber dieses hat eine – wenn auch sehr lange – Halbwertszeit von 19 Trilliarden Jahren und ist somit radioaktiv (vgl. Tabelle vorheriges Kapitel).

Merksatz: Nuklide zerfallen nicht wahllos ineinander, sondern in bestimmten Reihen, den Zerfallsreihen. Es gibt drei Zerfallsreihen und eine weniger bekannte vierte.

Sie lauten: Uran-Actinium-Reihe, Uran-Radium-Reihe, Thorium-Reihe und Neptunium-Reihe. Jede Reihe startet an einem anderen Ausgangsnuklid, durchgeht viele Zerfälle und endet bei einem stabilen Bleiisotop (die Neptunium-Reihe endet bei dem Isotop ^{205}Tl).

Nun haben wir uns mit allen Zerfallsreihen beschäftigt. Im folgenden Kapitel geht es noch einmal um die radioaktive Strahlung. Wir werden zeigen, wie diese nachgewiesen werden kann.

III. 8. Nachweis von Strahlung

In den vorherigen Kapiteln haben wir uns viel mit den Arten der Strahlung und ihren Eigenschaften beschäftigt. Nun kommen wir zu einem weiteren wichtigen Thema: den Nachweis der Strahlung. Wir haben uns nämlich noch nicht damit befasst, woher man z. B. weiß, dass es an einem bestimmten Ort radioaktive Strahlung gibt (man kann sie ja nicht mit bloßem Auge sehen). In diesem Kapiteln wollen wir uns mit einigen Möglichkeiten des Nachweises von dieser Strahlung beschäftigen.
Heutzutage gibt es natürlich viele Möglichkeiten, dies zu tun. Oftmals wird nach den Stoffen gesucht, die nach dem Zerfall von Atomen zurückbleiben, oder die Energie, welche beim Zerfall ausgesendet wird, wird registriert. Wir beschränken uns in diesem Kapitel aber auf zwei Techni-

ken – den Geigerzähler und die Nebelkammer – und schauen uns zudem den ersten Nachweis von radioaktiver Strahlung an, den es überhaupt gab, und der auch zu deren Entdeckung geführt hat.

Beginnen wir mit der Geschichte von der Entdeckung der Radioaktivität.

Der französischer Physiker Henri Becquerel (1852 – 1908), nach dem die Einheit der Aktivität benannt ist, experimentierte im Jahr 1896 mit Uransalzen und machte dabei eine bedeutende Entdeckung.

Er legte aus Versehen eine Pechblende (das ist ein uranhaltiger Stein) auf eine Fotoplatte (entspricht etwa dem heutigem Film in einem Fotoapparat), welche sich in einer Schublade befand. Dann verließ Becquerel sein Labor für einige Tage und entdeckte eine komische Erscheinung an dem Tag, als er wieder zurückkehrte: Die Fotoplatte war geschwärzt worden und das, obwohl sicher kein Licht in die Schublade gekommen war.

Das verwunderte Henri Becquerel und er erkannte, dass die Strahlung von der Pechblende ausgegangen sein musste. Er hatte somit eine ganz neue Strahlung entdeckt (wie Röntgen kurz zuvor auch schon die nach ihm benannten Strahlen).

Das war der erste Beweis, dass es radioaktive Strahlung gibt. In den folgenden Jahren wurde natürlich noch viel mehr über diese damals so mysteriöse Strahlung in Erfahrung gebracht, aber dieser Nachweis funktioniert auch noch heute. Meist erkennt man auf dem Film/der Fotoplatte sogar den Umriss des strahlenden Körpers.

Kommen wir nun zu dem Geigerzähler. Sein eigentlicher Name ist übrigens Geiger-Müller-Zählrohr, da er von den Wissenschaftlern Hans Geiger (1882 – 1945) und Walther Müller (1905 – 1979) erfunden wurde. Der Geigerzähler wird auch heute noch oft benutzt und fast jeder hat schon einmal seinen Namen gehört.

Im Prinzip ist die Funktionsweise des Geigerzählers auch sehr einfach: Der Geigerzähler misst die Reaktionen in Atomen, die durch die Strahlung hervorgerufen werden. Dafür gibt es ein Zählrohr, in dem sich ein Edelgas befindet. Treffen nun radioaktive Strahlen auf das Edelgas, so reagieren diese mit den Atomen und setzen Elektronen frei. Da sich in der Mitte des Zählrohrs eine Anode befindet und es auch von einer Kathode umgrenzt ist, bewegen sich die Elektronen zu der Anode.

Dort wird aufgrund des Elektrons ein elektrischer Impuls ausgesendet, der durch ein Kabel zu einem Zähler läuft. Hier werden die elektrischen Impulse verarbeitet und die Zahl der Impulse wird auf einem Display ausgegeben. Zudem ertönt das charakteristische Signal des Geigerzählers, das als Knacken oder Rauschen bezeichnet wird. Logischerweise ist die Strahlung immer dann stärker, wenn mehr Impulse abgegeben werden, d. h. die Zahl auf dem Display größer ist.

Abb. III. 16: Ein moderner Geigerzähler.

Der Geigerzähler kann Alpha-, Beta- und Gammastrahlung registrieren. Einige (weniger gute) Geigerzähler können allerdings nur Gammastrahlung feststellen. Mit Hilfe des Geiger-Müller-Zählrohrs kann man die radioaktiven Impulse also hören und zählen. Mit einer anderen Methode allerdings kann man sie sogar sichtbar machen.

Das Gerät, das so etwas kann, heißt Nebelkammer. Früher war die Nebelkammer ein wichtiges Forschungsgerät, aber heute dient sie fast nur noch zu Demonstrationszwecken. Eine Art der Nebelkammer ist die Wilsonsche Nebelkammer, die nach ihrem Erfinder Charles Wilson (1869 – 1959) benannt ist.

Nun zur Funktionsweise der Nebelkammer: Die Nebelkammer selbst ist ein geschlossener Raum, in dem sich meist ein Luft-Alkohol-Gemisch befindet. Durchquert nun ein geladenes Teilchen die Kammer, so ionisiert es auf seinem Weg Atome durch Stöße (sog. Stoßionisation). Dabei werden Kondenströpfchen erzeugt, die den Weg des Teilchens markieren (wie der Kondensstreifen eines Flugzeuges am Himmel). So kann man sehen, dass ein radioaktiver Strahl die Kammer durchquert hat.

Man kann auch die Strahlungsart anhand des Aussehens des Strahls erkennen: Dicke, zehn Zentimeter lange Streifen stammen von Alphastrahlen, und dünnere, aber etwas längere von Betastrahlen/Beta-minus-Strahlen. Andere Strahlungsarten (auch die Gammastrahlung) lassen sich in der Nebelkammer nicht nachweisen, da sie nicht geladen sind.

Abb. III. 17: Nebelkammer in dem Institut DESY.

Wenn man unter der Nebelkammer auch noch ein Magnetfeld hat, sieht man, dass die Strahlen nun in Kurven verlaufen, sodass man noch besser erkennen kann, welche Streifen zu welcher Strahlungsart gehören (da α-Strahlen und β^+-Strahlen zum Minuspol verlaufen [da sie positiv geladen sind] und β^--Strahlen zum Pluspol gehen [da sie negativ geladen sind]).

Anzumerken bleibt noch, dass die Streifen in der Nebelkammer immer nur kurz bestehen bleiben und bald wieder zerfallen. Eigentlich braucht man zudem gar keine Strahlenquelle, um den Prozess hervorzurufen, da sowieso überall ein wenig Strahlung vorhanden ist, die natürliche Strahlung heißt (siehe nächstes Kapitel). Außerdem gibt es noch die Wilsonsche Nebelkammer. Bei dieser älteren Art muss man einen Kolben herausziehen, sodass der Dampf übersättigt ist. Dann kann man etwa eine Sekunde lang Spuren sehen; danach muss man den Vorgang wiederholen.

Merksatz: Es gibt viele Möglichkeiten, radioaktive Strahlung, die nicht sichtbar ist und trotzdem Fotopapier schwärzt, nachzuweisen.

Es gibt z. B. das Geiger-Müller-Zählrohr (kurz Geigerzähler), welches Impulse in Ton umwandelt und zählt, und die Nebelkammer, die Strahlen durch Kondensstreifen (die durch Stoßionisation entstehen) sichtbar macht.

In diesem Kapitel haben wir uns mit dem Nachweis von Strahlung, einem wichtigen Punkt, beschäftigt. Im folgenden Abschnitt geht es darum, wie die radioaktive Strahlung Menschen und Organismen schädigt. Zudem beschäftigen wir uns damit, dass wir permanent Strahlung ausgesetzt sind, nämlich der natürlichen Strahlung.

III. 9. Gefährdung für Organismen durch Strahlung, die normale Strahlenbelastung

Wir wissen bereits, dass radioaktive Strahlung für Menschen schädlich ist, da wir uns schon mit der Energiedosis D in Gray [Gy] und der Äquivalentdosis H in Sievert [Sv] befasst haben. In diesem Kapitel werden wir uns noch einmal genauer damit beschäftigen.
Zudem geht es hier um die normale Strahlenbelastung, der wir permanent ausgesetzt sind, die uns aber nicht/kaum belastet.

Beginnen wir mit der Gefährdung für Organismen durch radioaktive Strahlung. Generell ist es für Menschen nicht gefährlich eine geringe Strahlendosis zu erhalten – aus diesem Grund gibt es ja auch Röntgenuntersuchungen, die den Körper zwar mit Strahlung belasten, aber ihn nicht wirklich schädigen.
Ist die Menge der Strahlung aber zu hoch, so kann es zu Schäden am Körper kommen. (Dabei geht es übrigens auch anderen Organismen genauso wie dem Menschen – viele Tiere werden bei Strahlung krank. Es gibt aber Ausnahmen: Kakerlaken können z. B. die 500-fache Strahlung wie Menschen überstehen, ohne Schaden zu nehmen.) Diese Erkrankung nennt sich Strahlenkrankheit. Wenn die Krankheit nicht sehr schwer ist, kann der Körper sie durch Abwehrsysteme wie das Immunsystem oder das Reparatursystem beheben. Doch wie kommt es überhaupt dazu?
Hier muss wieder einmal angemerkt werden, dass vieles von der Art der Strahlung abhängt. So hat Alphastrahlung die größte relative biologische Wirksamkeit (RBW) und verursacht somit mehr Schaden an. Allerdings kann Alphastrahlung sehr leicht abgeschirmt werden (sogar

schon durch ein Blatt Papier) und hat in der Luft nur eine Reichweite von ca. zehn Zentimetern. Betastrahlung ist nicht so einfach abzuschirmen (1 cm Metall) und hat eine deutlich kleinere RBW als Alphastrahlung. Gammastrahlung schließlich ist am schwersten abzuschirmen (dicke Bleischichten) und hat eine ebenso hohe RBW wie Betastrahlung. Röntgenstrahlen und Neutronenstrahlen verhalten sich, da auch sie ungeladen sind, in etwa so wir Gammastrahlen (aber Neutronenstrahlen haben eine höhere RBW).

Dennoch ist vermutlich Gammastrahlung am gefährlichsten, da diese Strahlungsart ziemlich alle Materialen durchdringt. Sie lässt sich kaum abschirmen und ist deshalb auch über lange Distanz schädigend. Grundsätzlich sind natürlich alle Strahlungsarten schädigend. Außerdem ist es auch noch wichtig, ob die radioaktive Strahlung von innen oder von außen wirkt.

Werden radioaktive Objekte zu sich genommen, so spricht man von Inkorporation. Das kann z. B. in geringem Maße bei Nahrung passieren – einige Lebensmittel enthalten tatsächlich zu winzigen Bestandteilen radioaktive Nuklide (Bananen enthalten beispielsweise ein radioaktives Kalium-Isotop). Diese Nuklide schaden uns aber nicht. Einige sind sogar ganz normal: In der Schilddrüse ist radioaktives Iod abgelagert und auch radioaktives Caesium befindet sich im menschlichen Körper. Werden aber zu viele radioaktive Stoffe aufgenommen, ist das für den Körper schädlich (im frühen 20. Jahrhundert gab es ja radioaktive Zahnpasta und radioaktives Wasser usw.). Da die Strahlung von innen kommt, ist dies logischerweise noch schädlicher.

Aber auch Strahlung von außen ist gefährlich. Sie greift die Haut an und kann auch so den Körper schädigen (Gammastrahlung kann sogar durch die Haut durchgehen und so Organe schädigen).

Aber was passiert eigentlich, wenn radioaktive Strahlung

auf Organismen trifft? Die Strahlung trifft dort auf Atome und ionisiert sie. Wenn das zu oft passiert, schädigt das die Zelle und diese kann absterben. Die Strahlung wird also von dem Körper absorbiert (Absorption). Dabei wird auch Energie freigesetzt, welche in der Energiedosis D gemessen werden kann.

Hat man nun eine Strahlenkrankheit, so wird das an folgenden Symptomen sichtbar: Man bekommt Übelkeit und Erbrechen, Haarausfall, Veränderungen im Blutbild und Kopfschmerzen. Diese Symptome zeigen sich bei einer mäßigen Strahlenkrankheit, welche man ab ca. 1 Sievert bekommt. Allerdings kann es bei einer schwereren Strahlenkrankheit auch Erbschäden geben, die an nachfolgende Generationen weitergegeben werden.

Unter 0,2 Sievert lassen sich kaum Symptome erkennen und die in Deutschland zulässige Höchstdosis pro Jahr beträgt ein Viertel davon (0,05 Sv/Jahr, nach der StrlSchV). Die tatsächliche durchschnittliche Strahlenbelastung in Deutschland beträgt zum Vergleich ca. 0,002 Sv/Jahr (=2 mSv/Jahr, siehe auch Kapitel III.5.).

Eine Strahlenbelastung von 2 – 4 Sievert verursacht eine schwere Strahlenkrankheit, die zum Tod führen kann. Ist die Dosis noch höher, führt die Krankheit höchstwahrscheinlich zum Tod.

Kommen wir aber nun zum realen Einfluss von Strahlung, dem wirklich ausgesetzt sind: der normalen Strahlungsbelastung.

Die normale Strahlenbelastung setzt sich aus mehreren Komponenten zusammen. An erster Stelle steht tatsächlich die medizinische Behandlung mit fast 45% - diese Strahlenbelastung bezeichnet man als künstlich. Dabei sind die Röntgenuntersuchungen am meisten vertreten, da diese häufig durchgeführt werden. Aber auch andere medizinische Behandlungs- oder Diagnostikmethoden gehören dazu (siehe auch nächstes Kapitel). Natürlich bedeutet selbst dieser etwas größere Teil in Wirklichkeit wenig Strahlenbelastung, da dabei im Jahr noch nicht einmal 1 mSv anfällt. Die medizinische Belastung gehört selbstverständlich nicht zu der natürlichen Strahlenbelastung.

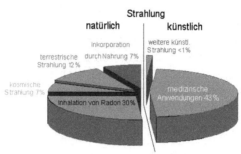

Abb. III. 18: Diagramm zur Strahlenbelastung: Es unterteilt sich in natürliche und künstliche Strahlung.

Ebenfalls an der Spitze steht die Strahlung, die eingeatmet wird (ca. 30 %). Dabei handelt es sich auch um eine Inkorporation – nämlich die von der sich in der Luft befindenden Strahlung. Tatsächlich sind nämlich praktisch überall winzige Spuren von radioaktiven Nukliden enthalten – sogar in der Luft. Natürlich ist auch diese Strahlenbelastung völlig normal und schadet dem Körper nicht. Fast 10% der natürlichen Strahlung kommt sogar von der Nahrung, die wir tagtäglich zu uns nehmen. Dabei ist es so, dass in einigen Lebensmitteln sehr geringe Mengen von radioaktiven Nukliden enthalten sind. Diese kommen wie der Rest der Nahrung in unseren Körper (also Inkorporation).

Was man üblicherweise unter „natürlicher Strahlung" erwartet, ist die Erdstrahlung oder auch terrestrische Strahlung. Diese Strahlung kommt, wie der Name schon sagt, aus dem Boden und belastet uns vergleichsweise wenig – nämlich nur mit 12%, das sind ungefähr 0,2 mSv.

Abb. III. 19: Diese Karte von Deutschland zeigt die unterschiedliche Strahlenbelastung in den verschiedenen Gebieten. Man sieht, dass die Strahlenbelastung teils stark variiert (<0,6 – >1,2), was z. B. mit der Beschaffenheit des Bodens und mit anderen Einflüssen zu tun hat. Dennoch ist die Strahlenbelastung nicht gefährlich.

Und natürlich gibt es noch die Strahlung aus dem All, die kosmische Strahlung. Sie belastet die Menschen ein bisschen weniger als die terrestrische Strahlung, nämlich mit 7% der normalen Strahlenbelastung.

Außerdem bleibt anzumerken, dass hier von der durchschnittlichen Strahlenbelastung eines deutschen Bürgers die Rede ist. Arbeitet man z. B. in einem Kernkraftwerk, so sieht das ganz anders aus. Aber in Deutschland gibt es die Strahlenschutzverordnung, sodass einem auch bei einem solchen Beruf keine Gefahr droht, da man nur so viel Strahlung ausgesetzt ist, wie ein gesunder Körper vertragen kann.

Dennoch sind beim Umgang mit Strahlungsquellen zwei

Grundregeln zu beachten, die die Belastung sehr stark einschränken:

1. Man sollte möglichst kurz der Strahlung eines Präparates ausgesetzt sein, da die Zeit natürlich eine wichtige Rolle spielt und es besser ist, sich auf ein Minimum zu begrenzen (so gibt es auch in AKWs Maximalzeiten für die Arbeit dort)

2. Man sollte möglichst auf Abstand bleiben oder sich gut abschirmen, denn einige Strahlungsarten durchdringen nur wenige Zentimeter Luft und können einfach abgeschirmt werden (z. B. die Alphastrahlung).

Mit Hilfe dieser Regeln lässt sich die Wirkung der Strahlung stark schwächen und so sollte man sie auch beim Experimentieren beachten.

Merksatz: Radioaktive Strahlung ist für Organismen gefährlich und bei größerer Belastung kann es zu einer Strahlenkrankheit kommen, die sogar tödlich sein kann und bei der auch Erbschäden entstehen können.

Dennoch bleibt man einem normalen Teil an Strahlung ausgesetzt, der sich aus Faktoren wie Medizin, Atmung, Nahrung, terrestrische und kosmische Strahlung zusammensetzt. In Deutschland gibt es die Strahlenschutzverordnung (StrlSchV), die Höchstwerte für die Belastung festlegt.

Nun haben wir uns in diesem Kapitel damit befasst, wie Strahlung den Menschen schaden kann – allerdings aber auch nicht immer: die normale Strahlenbelastung ist vollkommen ungefährlich. Im nächsten Kapitel beschäftigen wir uns damit, wie Strahlung den Menschen sogar helfen kann.

III. 10. Nuklearmedizin

Die radioaktive Strahlung hat zwar viele negative Aspekte, doch durch die heutigen medizinischen Errungen-
schaften kann sie sogar zum Wohl von Menschen genutzt
werden. In diesem Kapitel werden wir uns mit der Nukleardiagnostik und -therapie befassen. Zudem werden wir
uns einige Verfahren etwas genauer anschauen.

Beginnen wir mit der Nukleardiagnostik. Dieser Bereich
umfasst logischerweise nur Verfahren, die der Diagnose
und nicht der Heilung von Krankheiten dienen. Ein typisches medizinisches Verfahren, das auf Strahlung beruht
und das jeder kennt, ist z. B. das Röntgen.
Beim Röntgen werden von einem Röntgenstrahler eben
jene Strahlen emittiert. Der Patient steht dabei genau in
der Schusslinie des Strahlers. Hinter dem Patienten befindet sich ein Schirm, der die Strahlen registriert. Wäre
kein Widerstand zwischen dem Emitter und dem Schirm,
so hätte das Röntgenbild nur die Farbe schwarz. Da sich
aber der menschliche Körper dazwischen befindet und
die verschiedenen Teile eine unterschiedliche Durchläs-
sigkeit der Strahlen haben, wird so ein Bild produziert,
das zeigt, wo sich z. B. Gewebe oder Knochen befinden.
Da Knochen sehr undurchlässig sind, ist das Röntgen
dieser besonders beliebt (z. B. bei einem Bruch).
Weitere nuklearmedizinische Techniken sind z. B. auch
PET (**P**ositronen-**E**missions-**T**omographie) und CT (**C**om-
puter-**T**omographie). Beginnen wir mit der Positronen-
Emissions-Tomographie.

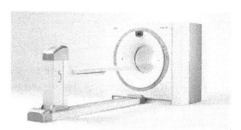

Abb. III. 20: Gerät, mit dem eine PET durchgeführt werden kann.

Die PET ist wie das Röntgen ein bildgebendes Verfahren der Radiologie. Bei dieser Diagnostikmethode wird auch somit ein Bild des Patienten entwickelt – allerdings passiert das nicht durch die Emission von Röntgenstrahlen. Vor der PET wird dem Patienten ein radioaktives Nuklid injiziert (meist ^{18}F), das β^+-Strahlung und somit Positronen emittiert. Da Positronen Antiteilchen sind, reagieren sie sofort mit einem Elektron in ihrer Umgebung. Bei dieser Reaktion werden zwei Photonen (die Teilchen, die Licht darstellen) ausgesandt, die in entgegengesetzte Richtungen (180-Grad-Winkel) davonschießen. Diese Photonen erkennt der Detektor des PET (in Form einer Röhre) und schließt daraus, wo sich das Positron befand. Durch dieses Verfahren wird ein Bild gewonnen, da sich an jeder Stelle des Körpers unterschiedlich viel von der radioaktiven Substanz befindet. So kann ein dreidimensionales Bild erzeugt werden.

Bei der Computer-Tomographie ist das Verfahren der Bildgewinnung anders. Hier werden auch Röntgenstrahlen emittiert, aber wie beim normalen Röntgen nicht nur von einer Seite, sondern von vielen Stellen der Röhre aus, in der sich der Patient befindet. So entstehen verschiedene Bilder, die den Körper aus unterschiedlichen Blickwinkeln zeigen. Ein Computer fügt diese Bilder zusammen und erstellt so ein dreidimensionales Bild von dem Patienten, welches dann zur Analyse der Krankheit genutzt werden kann.

Nun haben wir uns mit drei radiologischen Diagnostik-methoden beschäftigt. Anzumerken bleibt, dass diese nuklearmedizinischen Untersuchungen dennoch die Gesundheit minimal schädigen, da der Körper ja der Röntgenstrahlung oder der Positronenstrahlung (β^+) ausgesetzt ist. Tatsächlich wird die Strahlenbelastung eines durchschnittlichen Bürgers sogar durch solche Untersuchungsmethoden fast verdoppelt. Dennoch ist dieses Maß an Strahlung keineswegs gefährlich für den Körper. Für medizinisches Personal wäre die Strahlung aber auf Dauer schädlich, sodass dieses während der Durchführung in separaten Räumen sitzen muss. Wenn man öfter solche Untersuchungen hat, bekommt man außerdem einen Pass, auf dem Untersuchungen eingetragen werden; sodass man auch dann nicht gefährdet wird.

Trotz dieser geringfügigen Nachteile ist die Nuklearmedizin eine gute Errungenschaft mit Hilfe der radioaktiven Strahlung. Kommen wir nun zu der Strahlentherapie.

Dieser Bereich beschäftigt sich, wie der Name schon sagt, nicht mit dem Aufspüren von Krankheiten, sondern mit deren Bekämpfung. Hierbei wird der Bereich, in dem sich eine Krankheit, z. B. ein Tumor, befindet, von außen bestrahlt. Dabei werden meistens Elektronenstrahlung, Gammastrahlung und Röntgenstrahlung angewandt. Diese Strahlung wird in dem Bestrahlungsgerät erzeugt und dann auf den Patienten geschossen.

Dabei ist vorher eine aufwändige Planung notwendig, damit nur das erkrankte Gewebe die Strahlung absorbiert und somit keine Fehler bei der Bestrahlung entstehen und normales Gewebe durch die Strahlung geschädigt wird. Dies kann z. B. durch die Sichtung der Erkrankung bei einer Computer-Tomographie geschehen.

Mit der Bestrahlung des erkrankten Gewebes will man erreichen, dass die befallenen Zellen darin absterben und sich gesunde, neue Zellen nachbilden. Da sich die befallenen Zellen aber schneller fortpflanzen, kann das Gewebe nicht sofort zu 100% zerstört werden, selbst wenn die meisten erkrankten Zellen von der Strahlung vernichtet wurden. Dennoch kann das Bestrahlungsverfahren gut dazu eingesetzt werden, um das Fortschreiten der Erkrankung zu verhindern und Besserungen zu erzielen. Die Methode der Bestrahlung von einer Maschine, die diese selbst erzeugt und auf den Patienten anwendet, nennt sich Teletherapie.

Neben der Teletherapie gibt es noch die Brachytherapie. Dabei werden Strahlungsquellen für eine bestimmte Zeit in einen Bereich des Körpers implantiert und bestrahlen dort das Gebiet. Allerdings ist die Teletherapie weiter verbreitet als die Brachytherapie.

Natürlich ist auch die Strahlentherapie leicht gesundheitsschädigend - immerhin werden dabei Zellen zerstört, von denen manche auch nicht erkrankt sind. Dennoch überwiegen auch hier die Vorteile, was die Strahlungstherapie zwar zu einem riskanten, aber oft auch lebensrettenden Verfahren macht.

Merksatz: Die Nuklearmedizin umfasst Diagnostiktechniken wie die Computer-Tomographie (CT), bei der durch Röntgenaufnahmen ein dreidimensionales Bild des Patienten erzeugt wird, und die Positronen-Emissions-Therapie (PET), bei der durch die Verteilung eines injizierten Präparats im Körper und durch Aussendung von Positronen und Photonen ein Bild erzeugt wird, und ferner auch das Röntgen.

Bei der Strahlentherapie unterscheidet man zwischen der Brachytherapie (Implantation von radioaktiven Nukliden) und der weiter verbreiteten Teletherapie, bei der der Patient mit Elektronen-, Gamma- oder Röntgenstrahlung behandelt wird, die erkranktes Gewebe zerstören soll.

In diesem Kapitel haben wir uns nun mit der positiven Seite der radioaktiven Strahlung befasst und gesehen, dass sie nicht nur negative Aspekte hat. Dieses Kapitel war das letzte des großen Überthemas „Radioaktivität und ihre Folgen".

Das Kapitel der Radioaktivität hat uns viele interessante Einblicke in die Welt der Kernphysik verschafft – es ist ja hier auch von elementarer Bedeutung. Im nächsten großen Kapitel wollen wir uns mit einem ebenso wichtigen Thema befassen – der Kernspaltung.

IV. Die Kernspaltung und ihre Nutzung

In diesem letzten großen Kapitel beschäftigen wir uns mit einer anderen Eigenschaft der Atome. Diese können nämlich nicht nur Teilchen aussenden, wie es bei dem radioaktiven Zerfall ist, sondern unter bestimmten Umständen können sie sich sogar teilen.
Wie kann so etwas passieren? Erstmal muss hier gesagt werden, dass dies sehr außergewöhnlich ist. In der Natur passiert dieser Vorgang extrem selten.

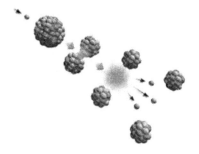

Abb. IV. 1: Eine Kernspaltung.

Wenn es wirklich zu einer Kernspaltung kommen soll, dann braucht man zuerst eine gute Menge von dem radioaktiven Element Uran (oder alternativ auch von dem Element Plutonium). Dieses muss zu einem bestimmten Teil aus dem Isotop ^{235}U bestehen und nicht aus dem häufigsten Uranisotop, dem Isotop ^{238}U – sonst funktioniert die Kernspaltung nicht. Wenn der Uranblock nun aus diesem Isotop besteht (man sagt, er ist angereichert) und groß genug ist, beginnt die Kernspaltung bald. Eine Kernspaltung wird in der Regel durch Neutronen ausgelöst. Diese sind auch in der Luft enthalten und können somit die Kernspaltung starten. Dabei treffen Neutronen auf Kerne des Uranisotops U^{235} – wenn dies passiert, nimmt der Atomkern die Energie des Neutrons auf, kann dieser aber nicht standhalten. Das Atom zerteilt sich in zwei andere Atome und setzt außerdem noch zwei oder drei weitere Neutronen aus seinem Kern frei. Diese können dann andere Urankerne zerspalten, sodass die Reaktion fortgesetzt werden kann.

Doch wozu ist das gut? Bei diesem Prozess wird neben den Spaltprodukten und den Neutronen auch noch Energie freigesetzt. Diese will man natürlich nutzen. Aus diesem Grund werden in Atomkraftwerken auch künstliche Kernspaltungen herbeigeführt – die dabei freigesetzte Energie erwärmt Wasser, das zu Dampf wird und einen Generator antreibt.

Allerdings hat die Kernspaltung auch einige Nachteile. So funktionieren Atomwaffen auch durch die Kernspaltung und außerdem bringen Atomkraftwerke einige Gefahren mit sich. Gibt es dort einen Unfall, hat das für die Umgebung schlimme Folgen. Außerdem produziert dieses Verfahren der Energiegewinnung radioaktive Abfälle, den Atommüll. Man sieht also, es gibt einige Probleme. Mit diesen Themen und auch noch weiteren (wie z. B. der Kernfusion) werden wir uns hier beschäftigen. Dabei werden wir auch noch weiter interessante Einblicke in die Welt der Atome haben.

Im folgenden Kapitel geht es noch einmal etwas genauer um das Prinzip der Kernspaltung und wir beschäftigen uns zudem damit, was die Atome zusammenhält – mit der Bindungsenergie.

IV. 1. Die Bindungsenergie

In diesem Kapitel wollen wir uns etwas genauer mit der Kernspaltung beschäftigen. Im Anschluss hieran erläutern wir zudem die Energie, die sie freisetzt: die Bindungsenergie.

Beginnen wir mit der Kernspaltung. Wie gesagt, braucht man bei der Kernspaltung unbedingt das Uranisotop ^{235}U (oder auch das Plutoniumisotop ^{239}Pu für atomare Waffen). Mit anderen Isotopen funktioniert dieser Prozess nicht gut – nur dieses Uranisotop bringt eine Kernspaltung zustande. Auch das hat mit der Kernkraft, also der Kraft, die Atomkerne zusammen hält, zu tun.
Allerdings besteht das normale Uran zu ca. 99% aus dem Uranisotop ^{238}U und nur zu unter einem Prozent aus dem ^{235}U-Isotop (und zu einem sehr geringen Anteil aus dem Isotop ^{234}U). Um aber eine Kernspaltung hervorzurufen – wie es z. B. in einem Atomkraftwerk passiert – muss das Uran zu einem viel höheren Anteil aus dem besagten Uranisotop bestehen (3 – 5% im AKW, ca. 80% bei Atomwaffen). Um das Uran anzureichern, wie man sagt, ist es notwendig, die Isotope des natürlichen Urans zu trennen. Das ist allerdings ein sehr aufwändiges Verfahren, welches auch ziemlich lange dauert.
Dennoch sind Atomkraftwerke darauf angewiesen und sie benötigen sogar relativ viel angereichertes Uran für ihre Brennstäbe. Wenn dann alle „Zutaten" für eine Kernspaltung zusammen sind, muss man auch darauf achten, dass genau die richtige Menge Uran bereitsteht. Sonst kann es zu einer unkontrollierten Kettenreaktion kommen, wo immer mehr Uranatome gespalten werden und folglich immer mehr Energie freigesetzt wird, was natürlich schädlich ist (siehe auch nächstes Kapitel). Aus diesem Grund befindet sich in Kernkraftwerken immer ein Moderator (z. B. Wasser oder auch Cadmium), der einige

Neutronen verschluckt und somit die Kernspaltungsrate verringert.

Zudem braucht man für die Kernspaltung immer langsame, sogenannte thermische Neutronen. Sind die Neutronen, die die Kernspaltung auslösen sollen, zu schnell, so funktioniert sie nicht. Der Moderator hat somit auch noch die Funktion, die Neutronen durch Kollisionen mit anderen Atomen abzubremsen, da die bei der Kernspaltung ausgesandten Neutronen immer schnell und nicht thermisch sind.

Nun noch einmal zu dem Prozess der Kernspaltung selbst. Bei einer Kernspaltung trifft ein Neutron, wie schon gesagt, auf ein Uranatom, welches das Neutron zuerst einmal aufnimmt. Diesen Zustand behält es aber nicht lange bei, da er ungünstig für das Atom ist. Es gerät in Schwingungen und teilt sich in zwei Teile – also in zwei neue Atome, Spaltprodukte genannt, (meist von den Elementen Krypton, Iod, Cäsium, Strontium, Xenon und Barium) und sendet dabei noch zusätzlich zwei bis drei (das ist die Regel) Neutronen aus. Hier ist eine typische Gleichung für eine neutroneninduzierte (also eine durch Neutronen ausgelöste) Kernspaltung:

$$^{235}_{92}U + n \rightarrow {}^{139}_{56}Ba + {}^{95}_{36}Kr + 2\,n + ca.\ 200\ MeV$$

Bei diesem Vorgang wird sehr viel Energie ausgesendet – doch woher kommt diese Energie? Die Antwort darauf ist die Bindungsenergie.

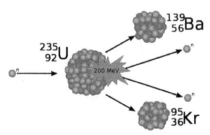

*Abb. IV. 2: Kernspaltung eines Uranatomkerns mit den
Spaltprodukten Krypton und Barium.*

Wir haben uns schon viel mit dem Atomkern beschäftigt,
aber uns noch nie die Frage gestellt, wie der Kern des
Atoms zusammenhält: Die Antwort darauf ist die Bindungsenergie. Diese Energie hält den Atomkern zusammen und wird freigesetzt, wenn er gespalten wird.
Dabei passiert folgendes: Das Uranatom nimmt ein Neutron auf, kann aber diesen Zustand nicht beibehalten. Aus
diesem Grund zerfällt das Uranatom in zwei verschiedene
Atome und gibt drei oder zwei Neutronen ab. Die zwei
Atome brauchen eine unterschiedliche Bindungsenergie
wie das ehemalige Uranatom. Die Differenz der Bindungs-
energien wird nun in Form von Energie freigesetzt – und
diese Energie wird in Kernkraftwerken und leider auch in
Kernwaffen genutzt.
Die Bindungsenergie oder auch Kernkraft (nicht zu verwechseln mit der Kernkraft im umgangssprachlichen
Sinne – also der Energie von AKWs) ist übrigens auch
eine der vier Grundkräfte. Sie ist die starke Kernkraft,
bzw. wenn das Atom radioaktiv (oder instabil) ist, die
schwache Kernkraft. Bei der schwachen Wechselwirkung
reicht die Kraft, die den Atomkern zusammenhält nicht
aus, sodass er früher oder später zerfällt.
Ganz anders ist dies bei der starken Kernkraft – diese
Grundkraft hält die Atomkerne zusammen, ohne dass je-
mals ein radioaktiver Zerfall passieren wird. Neben der
starken und der schwachen Kernkraft (manchmal auch

starke und schwache Wechselwirkung genannt) gibt es übrigens auch noch die Gravitation und den Elektromagnetismus als Grundkräfte.

Soviel zu der Kernkraft. Diese Kraft ist eine sehr mächtige Kraft, da sie sehr viel Energie birgt. Mit der Bindungsenergie/Kernkraft werden wir uns auch noch im Kapitel III. 5. beschäftigen, wo es zudem um Einsteins berühmte Formel $E = mc^2$ geht.

Merksatz: Um eine Kernspaltung hervorrufen zu können, braucht man eine große Menge angereichertes Uran – die Kernspaltung wird dann durch Neutronen ausgelöst. Dabei wird ein Neutron von einem Uranatom absorbiert, woraufhin es sich schnell in zwei Atome teilt und außerdem drei oder zwei Neutronen aussendet.

Dabei wird viel Energie frei, die auch z. B. AKWs nutzen. Die Energie stammt aus der Differenz der Kernkräfte/Bindungsenergien von dem Uranatom und den beiden Spaltprodukten.

Nun haben wir uns in diesem Kapitel genau mit der Kernspaltung und der Bindungsenergie beschäftigt. Diese Themen sind im weiteren Umgang mit diesem Thema von elementarer Bedeutung. Im nächsten Kapitel geht es dann um die bei der Kernspaltung oft auftretende Kettenreaktion und um die verschiedenen Ablaufmöglichkeiten der Kernspaltung.

IV. 2. Die bei der Kernspaltung entstehende Kettenreaktion, kontrollierte und unkontrollierte Kernspaltung

Kernspaltung kann den Menschen nutzen, z. B. im Atomkraftwerk (allerdings birgt sie sogar dort viele Gefahren), aber auch schaden, wenn durch sie Unfälle passieren oder Waffen hergestellt werden. Dabei hängt alles von einem bestimmten Faktor ab: dem Vermehrungs-Faktor. Dieser Faktor gibt an, wie stark die Kernspaltung verläuft.

Bei der Kernspaltung absorbiert ein Uranatom ein Neutron und emittiert drei (oder seltener zwei) Neutronen nach der Kernspaltung. Doch was passiert mit diesen Neutronen? Wenn diese Neutronen einfach nur durch den Uranblock fliegen, mit keinem Atomkern kollidieren und den Block auch so verlassen, kann sich die Kernspaltung nicht lange aufrecht erhalten.

Aber wenn der Block aus Uran größer ist, so steigt auch die Chance, dass eines der drei Neutronen (wir gehen hier von dreien aus, da das die Regel ist) auf einen Uranatomkern trifft (natürlich müssen die Neutronen zuerst auch abgebremst werden und von schnellen zu thermischen Neutronen werden, da nur diese Art eine Kernspaltung durchführen kann). Wenn das passiert, erhält sich die Kernspaltung, da ja im Durchschnitt bei jeder Kernspaltung ein Neutron ausgesandt wird, das eine weitere Kernspaltung auslöst. In diesem Fall spricht man von einer Kettenreaktion.

Aus diesem Grund ist es so wichtig, dass der Uranblock groß genug ist, da nur so eine Kernspaltung ausgelöst werden kann. Man bezeichnet einen Uranblock, wenn er gerade groß genug ist, um eine Kettenreaktion auszulösen, als kritisch. Ist der Uranblock nicht groß genug, wird er oder die stattfindende, sich nicht erhaltende Reaktion als unterkritisch bezeichnet. Gilt das Gegenteil (also zu groß, um als kritisch zu gelten), so wird der Block oder die Kettenreaktion als überkritisch bezeichnet.

Kommen wir nun noch einmal zu dem Neutronen-Faktor zurück. Dieser Faktor gibt an, wie viele von den bei einer Kernspaltung emittierten Neutronen eine weitere Kettenreaktion auslösen. Löst von den drei freigesetzten Neutronen, wie in unserem Beispiel, eines eine weitere Kernspaltung aus, so ist der Faktor k = 1. Es handelt sich also um eine kritische Masse. Ist die Kritikalität geringer, so gilt das auch für den Vermehrungsfaktor. Löst nur jede zweite Kernspaltung durch ihre Neutronen eine weitere aus, so ist der Faktor 0,5. Lösen immer zwei Neutronen eine Kernspaltung aus, ist k = 2.

Kommen wir nun zu der kontrollierten Kettenreaktion. Diese wird in Atomkraftwerken praktiziert, da hier natürlich ein Faktor von ziemlich genau 1 notwendig ist. Wäre die Kritikalität niedriger, so könnte sich die atomare Kettenreaktion nicht aufrechterhalten und das AKW könnte nicht lange Strom erzeugen. Wäre der Faktor höher (z. B. 1,25), so spalteten mehr Neutronen Uranatomkerne. Das hätte zur Folge, dass immer mehr Neutronen ausgesandt würden, wodurch wiederum die Kettenreaktion nicht mehr unter Kontrolle wäre.

In diesem Fall würde auch mehr Energie freigesetzt werden (jede Spaltung setzt ja eine vergleichsweise große Menge frei). Dadurch erhitzten sich die Brennstäbe (also die Behältnisse, in denen sich das angereicherte Uran befindet) und somit auch letztendlich der gesamte Reaktor. Natürlich ist das auch bei einer normalen Kritikalität der Fall, aber hier ist das nur in einem geringeren Maße zutreffend und der Reaktor ist dagegen gewappnet. Tatsächlich tritt die bei der Kernspaltung freigesetzte Energie ja in Form von Wärme auf und erwärmt einen Wasserkreislauf (dazu mehr in Kapitel IV. 4). Ist die Kritikalität aber höher und es wird mehr Energie freigesetzt, kann der Reaktor es irgendwann nicht mehr verkraften und eine Kernschmelze könnte eintreten, d. h. die Reaktorschale wird zerstört und die radioaktive Substanz verlässt das abschirmende Gehäuse, was sehr gefährlich ist. Genau aus diesem Grund wird in Atomkraftwerken auch immer darauf geachtet, dass dieser Fall keineswegs eintritt. Somit ist die Gefahr für eine Kernschmelze auch sehr gering. Zudem haben die meisten AKWs spezielle Schutzmaßnahmen, wie z. B. das spontane Herunterfahren des Kraftwerks, auch Scram genannt.

Zudem sind in Kraftwerken immer sogenannte Steuerstäbe aus Cadmium. Diese können zwischen die Brennstäbe heruntergelassen und wieder hochgezogen werden. Je nach Einstellung fangen sie mehr oder weniger Neutronen ab. Wenn sie weiter heruntergelassen werden, absorbieren sie mehr Neutronen, da sie dann genau zwischen den Brennstäben aus Uran sind und somit die durch die Brennstäbe fliegenden Neutronen zu einem gewissen Teil abfangen. Sind die Brennstäbe hochgezogen, so wird der Faktor k größer, da nun nicht mehr so viele Neutronen abgeblockt werden.

Der Vermehrungsfaktor muss natürlich nicht genau eins sein. Er kann auch ein bisschen schwanken und wieder ausgeglichen werden. Die Kettenreaktion sollte dabei aber immer kritisch bleiben d.h. sie sollte nicht verebben (also unterkritisch oder nichtkritisch werden) und natürlich keinesfalls überkritisch werden und sich zu stark vermehren. Allerdings tritt dies bei heutigen AKWs nur sehr, sehr selten auf, da diese durch elektronische Anlagen sehr gut dagegen gesichert sind.

Dennoch bleibt die Gefahr (man denke an Tschernobyl oder Fukushima) und natürlich stellen auch noch so sichere Kernkraftwerke ein Risiko dar (mehr dazu aber in Kapitel III. 4.).

Kommen wir nun zu dem Gegenteil der kontrollierten

Kernspaltung, mit der wir uns in diesem Teil von dem Kapitel befasst haben: der unkontrollierten Kernspaltung.

Bei der unkontrollierten Kernspaltung wird eine atomare Kettenreaktion ausgelöst, die nicht mehr zu bremsen ist. Bei dieser Kettenreaktion wird sehr viel Energie freigesetzt, was sie auch extrem gefährlich macht – aus diesem Grund funktionieren auch Atomwaffen mit Hilfe dieses Prinzips.

Für eine unkontrollierte Kettenreaktion braucht man eine überkritische Masse angereicherten Urans (bei Atomwaffen ist der Grad der Anreicherung viel höher als bei AKWs – er erreicht Werte von bis zu 80%), die imstande ist, möglichst schnell einen hohen Vermehrungsfaktor hervorzubringen.

Bei der kontrollierten Kernspaltung mit einem Faktor von eins bleibt die Anzahl der gespaltenen Uranatomkerne pro Zeiteinheit relativ gleich. Dies ist bei der unkontrollierten Kernspaltung keineswegs der Fall – hier nimmt die Zahl der Kernspaltungen extrem schnell zu. Dazu ein Beispiel:

Mal angenommen ein großer, überkritischer Uranblock hat einen Vermehrungsfaktor k = 2. Dann werden, wenn wir beispielhaft davon ausgehen, dass nur ein Neutron die Kernspaltung auslöst (in Wirklichkeit sind es natürlich viele auf einmal), durch jede Kernspaltung zwei weitere Neutronen ausgesandt, die eine Kernspaltung hervorrufen werden.

Gehen wir wieder der Einfachheit wegen davon aus, dass bei einer Kernspaltung immer drei Neutronen ausgesandt werden – dann treffen 2/3 der Neutronen auf einen Atomkern, was eine hohe Rate ist. Schauen wir uns nun die Folgen an. Am Anfang gibt es in unserem Szenario ja nur ein Neutron, das eine Kernspaltung auslöst. In der zweiten Generation (so nennt man die Abfolgen von Kernspaltungen) gibt es drei Neutronen, von denen zwei eine Kernspaltung auslösen. In der dritten gibt es sechs

Neutronen, von denen vier eine Kernspaltung auslösen; in der vierten Generation gibt es zwölf Neutronen und auch 8 Kernspaltungen usw. Dann folgen 16, 32, 64, 128, 256 und in der 10. Generation sogar 512 Kernspaltungen. Das Wachstum verläuft also exponentiell und überschreitet sogar nach nur elf Generationen die Tausend.

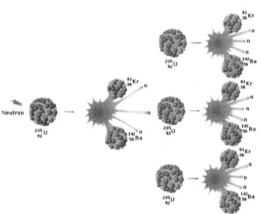

Abb. IV. 3. Eine unkontrollierte atomare Kettenreaktion, bei der alle drei Neutroneneinen Uranatomkern spalten (k = 3).

Dabei muss man auch bedenken, dass eine Generation nur Bruchteile einer Sekunde dauert und die Kettenreaktion nicht nur mit einem Neutron startet. Auch wenn der Vermehrungsfaktor k niedriger ist, kommt es nach ein paar Dutzend Sekunden zu einer sehr starken Hitze, der unweigerlich eine heftige Explosion folgt, bei der nicht nur eine Stoßwelle durch die Hitze erzeugt wird, sondern bei der auch noch die radioaktive Substanz extrem viel Strahlung entsendet.

Es ist also kein Wunder, dass viele der Kernspaltung als Energiequelle abgeneigt sind, wenn solche Katastrophen passieren können. Allerdings geschah genau dies bei den Atombombenabwürfen über Hiroshima und Nagasaki im Jahr 1945 oder auch bei anderen Tests von Kernwaffen.

Das Prinzip der Kernwaffen ist eigentlich relativ einfach: Es befinden sich zwei unterkritische Massen Uran in einem abschirmenden Behälter, die von sich aus keine Kettenreaktion auslösen können. An einer Seite der Waffe ist ein Sprengsatz in dem Behälter, der beim Auslösen die beiden Massen Uran vereint. So werden diese so zu einer überkritischen Masse, die einen Vermehrungsfaktor deutlich über 1 hat. Dann passiert einige Zeit später das oben beschriebene Szenario.

Merksatz: Bei einer atomaren Kettenreaktion erhält diese sich selbst, da die freigesetzten Neutronen immer andere Kernspaltungen auslösen – wie viele das im Durchschnitt sind, legt der Neutronen-Vermehrungsfaktor k fest.

Findet eine atomare Kettenreaktion kontrolliert (Beispiel AKW) statt, so ist der Faktor $k \approx 1$ und die Reaktion und die Uranmasse werden als kritisch bezeichnet (wenn die Masse kleiner ist, als unterkritisch bezeichnet).

Bei der unkontrollierten Kettenreaktion (Beispiel Kernwaffe) ist der Vermehrungsfaktor k deutlich größer als eins, was verheerenden Folgen haben kann.

In diesem Kapitel haben wir uns mit den verschiedenen Möglichkeiten einer Kernspaltung und der atomaren Kettenreaktion befasst. Im folgenden Abschnitt geht es um die Elemente der Atome, die bei einer Kernspaltung zertrennt werden.

IV. 3. Die Elemente Uran und Plutonium

Theoretisch gesehen könnten viele Nuklide mit höheren Ordnungszahlen von Neutronen gespalten werden (allerdings ist eine ungerade Massenzahl notwendig). Jedoch werden zwei Nuklide besonders favorisiert: Das Uranisotop ^{235}U und das Plutoniumisotop ^{239}Pu. Deshalb wollen wir uns in diesem Kapitel einmal mit den Elementen dieser Isotope befassen und diese besser kennenlernen, da nur sie die seltene Eigenschaft besitzen, ein spaltbares Isotop zu haben.

Beginnen wir mit dem Element Uran (Ordnungszahl 92). Den Namen dieses Elements hört man wohl öfter und man verbindet es gleich mit den Kernkraftwerken, in denen es zur Energieerzeugung genutzt wird.
Dieses Element hat, wie schon zuvor kurz erwähnt, drei Isotope, die in natürlichem Uran auftreten. Eigentlich hat das Element Uran bisher 26 entdeckte Isotope, von denen aber ein Großteil nur im Labor erzeugt werden kann. Die drei häufigsten Isotope sind:

→^{234}U (Häufigkeit unter natürlichem Uran: ca. 0,006 %, Halbwertszeit ca. $2,5 \cdot 10^5$ Jahre),
→^{235}U (Häufigkeit unter natürlichem Uran: ca. 0,72%, Halbwertszeit ca. $7 \cdot 10^8$ Jahre) und
→^{238}U (Häufigkeit unter natürlichem Uran: ca. 99,27%, Halbwertszeit ca. $4,5 \cdot 10^9$ Jahre).

Von diesen Isotopen ist ganz klar das letzte das häufigste, aber zur Kernspaltung durch thermische/langsame Neutronen braucht man ja das Isotop ^{235}U. Da dieses nur zu unter einem Prozent in dem natürlichen Uran enthalten ist (als natürliches Uran bezeichnet man das Uran, wie es abgebaut wird – im Gegensatz dazu steht das angereicherte Uran), kann man gut erkennen, dass der Prozess der Urananreicherung sehr aufwändig ist.

Uran ist jedenfalls ein begehrter Rohstoff, da es zum Erzeugen von Energie in Kernkraftwerken benötigt wird. Allerdings werden die Uranvorräte auf der Erde nicht mehr lange anhalten (ca. 45 Jahre, Kohle reicht z. B. noch für 250 Jahre).

Abb. IV. 4: Eine Pechblende (ein uranhaltiger Stein).

Jedoch verliert Uran in den Ländern an Bedeutung, die sich am Atomausstieg beteiligen (allerdings setzen einige Länder wie die USA oder Frankreich weiterhin stark auf Kernenergie). Hierbei muss man natürlich bedenken, dass das in Kernkraftwerken angewandte Uran schließlich nicht verschwindet, wenn der Brennstab außer Betrieb genommen wird. Es ist immer noch ein extrem gefährliches Präparat, welches in speziellen Behältern aufbewahrt werden muss. Und bisher weiß noch niemand, wo dieses „gefährliche Zeug" endgelagert werden soll, was ein Problem darstellt.

Kommen wir nun zu dem Element Plutonium. Auch wenn dieses Element nicht so bekannt ist wie Uran, gehört es zu den Elementen, deren Isotope gespalten werden. Dieses Element hat zwar momentan 20 entdeckte Isotope, aber nur das Isotop ^{244}Pu ist mit einer Häufigkeit von ca. 100% unter natürlichem Plutonium nennenswert. Allerdings lässt sich dieses Isotop nicht gut spalten – man benötigt das Isotop ^{239}Pu oder andere spaltbare Isotope wie z. B. auch ^{241}Pu.

Abb. IV. 5: Plutonium wird auch in Batterien für Herzschrittmacher genutzt – dies ist eine.

Da Plutonium zudem auch noch viel seltener als Uran ist, wird es nicht in Kernkraftwerken verwendet. Allerdings wurden schon Plutoniumbomben hergestellt.

Hier ein Beispiel einer neutroneninduzierten Kernspaltung des Elements Plutonium (natürlich gibt es auch hier viele verschiedene Möglichkeiten; nicht nur Antimon und Technetium als Spaltprodukte):

$$^{239}_{94}Pu + n \rightarrow {}^{130}_{51}Sb + {}^{107}_{43}Tc + 3\,n$$

Zusammenfassend kann man wohl zu Plutonium sagen, dass es keine echte Alternative im Vergleich zu Uran ist, aber immerhin kann dieses Element gespalten werden.

Merksatz: Die Isotope der Elemente Uran und Plutonium werden als einzige häufig gespalten.

Das Element Uran besteht zum Großteil aus dem Nuklid $^{238}_{92}U$ (ca. 99%) und zu ca. 1% aus dem Nuklid $^{235}_{92}U$, welches spaltbar ist. Bei der Urananreicherung wird Uran hergestellt, das zu einem größeren Anteil aus diesen Uranisotop besteht. Angereichertes Uran wird z. B. in AKWs verwendet.

Das Element Plutonium besteht zu ca. 100% aus dem Nuklid $^{244}_{94}Pu$. Spaltbar sind z. B. Plutoniumisotope wie

---

$^{239}_{94}$Pu und $^{241}_{94}$Pu. Somit ist Plutonium schwerer zu „handhaben" als Uran und fand nur Verwendung in einigen Atomwaffen, nicht aber in AKWs.

Nun haben wir uns ausführlich mit den Elementen Uran und Plutonium beschäftigt. Im nächsten Kapitel fahren wir weiter fort im Bereich der Kernspaltung: Wir werden uns mit Atomkraftwerken und auch mit deren Gefahren und Problemen beschäftigen.

IV. 4. Nutzung der Kernenergie im Atomkraftwerk und die daraus resultierenden Probleme

In diesem Kapitel beschäftigen wir uns mit dem Haupteinsatzgebiet der Kernspaltung: den Atomkraftwerken (kurz AKW oder KKW). In dem ersten Teil des Kapitels wollen wir uns mit deren Funktionsweise beschäftigen, danach kommen wir zu der Effizienz und den Gefahren, die Atomkraftwerke mit sich bringen.

Abb. IV. 6: Das Kernkraftwerk in Grohnde, Deutschland. Rechts befindet sich der Reaktor.

Starten wir, wie schon gesagt, mit der Funktionsweise eines AKWs. Dabei beginnt alles natürlich bei den radioaktiven Brennstäben. Diese haben übrigens eine Höhe von 4 Metern und eine Breite und Länge von jeweils 20 Zentimetern. 200 bis 300 dieser Brennelemente befinden sich nebeneinander im sogenannten Reaktorkern, der das Zentrum des Reaktorgebäudes darstellt. Dieses Gebäude hat sehr dicke Wände, damit im Fall eines Unfalls die radioaktive Substanz möglichst in dem Reaktor bleibt. Deshalb ist das Gebäude selbst aus Beton und außerdem befindet sich innen noch eine dicke Stahlschicht. Zurück zu den Brennstäben. Die Uranatome werden dort regelmäßig gespalten, wobei der Vermehrungsfaktor k möglichst eins ist. Zur Sicherheit gibt es meist Steuerstäbe aus Cadmium und zwischen den einzelnen Brennstäben befindet sich Wasser, das Neutronen abfängt. Beide Materialien dienen als Moderator. Außerdem hat das Wasser noch andere Funktionen: Erstens kühlt es die Brennstäbe, die bis zu 800 °C heiß werden, und nimmt ihnen die Wärme ab. Dabei wird es um die 300 °C heiß. Das Wasser siedet allerdings nicht bei diesen Temperaturen, da es unter enormen Druck steht, weil es seinen Kreislauf, der von einer Pumpe angetrieben wird, nicht verlassen kann.

Dieser Primärkreislauf erwärmt allerdings den Sekundärkreislauf in einem Wärmetauscher. Das hat den Vorteil, dass die Radioaktivität, welche von dem Uran kommt in dem primären Wasserkreislauf bleibt. Der Sekundärkreislauf steht nicht unter Druck und das Wasser wird zu Dampf. Dieser treibt eine Turbine an, welche an einen Generator angeschlossen ist, der Strom erzeugt, der nach der Transformation in das Stromnetz eingespeist werden kann. Dieser Teil verläuft so wie in den meisten Kraftwerken. Die Turbine und der Generator befinden sich allerdings nicht mehr im Reaktor, sondern in einem Nebengebäude.

Danach wird der Wasserdampf mit Wasser aus den Kühltürmen des Kraftwerks (jedes Kernkraftwerk besteht aus einem bis mehreren Reaktor/en mit Nebengebäuden, Kühltürmen und einer Steuerungseinheit, in der Menschen das Kraftwerk regulieren) heruntergekühlt und kondensiert (dieser Kreislauf heißt Kühlwasserkreislauf; er ist der letzte der drei Wasserkreisläufe im AKW). Das Wasser wird nach der Kühlung des Dampfes in einen Fluss abgeführt. Das neu entstandene Wasser durchfließt nun eine Pumpe und gelangt wieder in den Wärmetauscher.

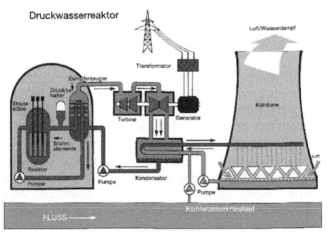

Abb. IV. 7: Die Funktionsweise eines Druckwasserreaktors.

An dem Punkt beginnt der Kreislauf von vorne. Neben dieser Art von Reaktoren, den sogenannten Druckwasserreaktoren (der Name kommt von dem unter Druck gesetzten Wasser in dem Primärkreislauf), gibt es auch noch die Siedewasserreaktoren, welche ein anderes Prinzip haben. Allerdings sind ca. 70% der weltweiten Reaktoren Druckwasserreaktoren (kurz: DWR) und nur 20% Siedewasserreaktoren (kurz: SWR).
Hier noch einmal zur Funktionsweise der Siedewasserre-

aktoren: Bei diesen ist der Druck das Wassers nicht so hoch und es gibt auch nur zwei Wasserkreisläufe. Das Wasser siedet schon im Primärkreislauf aufgrund der Hitze der Brennelemente und treibt Turbinen an. Der Dampf wird dann wie im Druckwasserreaktor durch den Kühlkreislauf gekühlt und durch eine Pumpe bleibt der Wasserkreislauf in Bewegung. In dem eigentlichen Reaktor befindet sich hier nur der Behälter mit den Brennstäben.

Die Siedewasserreaktoren haben eine minimal höhere Effizienz als die Druckwasserreaktoren, sind aber dennoch nicht so sehr verbreitet.

Nun haben wir uns mit der Funktionsweise der Atomkraftwerke beschäftigt und kommen jetzt zu deren Effizienz.

Bei Kernkraftwerken denkt man natürlich daran, dass sie der Umwelt schaden, da sie schließlich nur mit Hilfe extrem gefährlicher Stoffe (dem Uran) Energie erzeugen können. Das stimmt natürlich auch, aber es ist nicht die ganze Wahrheit.

Vor der Fukushima-Katastrophe bezog Deutschland immerhin 30% des Stroms aus Atomkraftwerken. Danach wurden allerdings 8 der insgesamt 17 deutschen AKWs abgeschaltet. Derzeit (2016) befinden sich nur noch acht Kernkraftwerke am Netz, die alle bis zum Jahr 2022 abgeschaltet werden sollen.

Kernkraftwerke haben natürlich den klaren Nachteil, dass sie mit Hilfe des radioaktiven Urans Energie erzeugen. Das bringt logischerweise eine Reihe von Problemen und sogar von Gefahren mit sich (Entsorgung, Gefährdung durch Strahlung usw.), die wir uns im nächsten Teil genauer ansehen.

Dennoch haben die Kernkraftwerke auch Vorteile, wenn man die von ihnen ausgehenden Gefahren einmal nicht beachtet: AKWs brauchen z. B. viel weniger Rohstoffe als etwa ein Kohle- oder Erdgaskraftwerk. Jährlich braucht ein Kernkraftwerk mit einem Reaktor z. B. ca. 40 Tonnen Uran. Das hört sich viel an, aber ein Steinkohlekraftwerk mit vier Blöcken braucht *pro Tag* 14500 Tonnen Steinkohle – der Jahresverbrauch beträgt hier ca. 2,9 Millionen Tonnen. Das ist schon eine ganz Menge, die das Betreiben eines solchen Kraftwerks natürlich auch nicht vereinfacht. Es muss hier jedoch angemerkt werden, dass Stein- bzw. Braunkohle einfacher abzubauen ist als Uran. Trotzdem liegen die Kernkraftwerke im Punkt Ressourcen vorne – auch deswegen, weil man bei AKWs den Brennstoff, also die Brennelemente, nur einmal im Jahr zu einem Teil wechseln muss und Kohlekraftwerke viel häufiger neuen Brennstoff benötigen.

Atomkraftwerke lassen radioaktive Abfälle zurück, über deren Endlagerung man sich noch nicht im Klaren ist. Tatsächlich würde es die Umweltverträglichkeit von Atomkraftwerken sehr verbessern, wenn man sich entschiede, wo man den radioaktiven Abfall endlagert. Pro Jahr fallen in einem Kernkraftwerk mit einem Reaktor nämlich knapp 200 Tonnen radioaktiver Abfall an (Brennelemente und Betriebsabfälle). Aber auch Kohlekraftwerke haben hier Probleme: hauptsächlich CO_2. Ein Steinkohlekraftwerk mit vier Blöcken emittiert pro Jahr ca. 7,5 Millionen Tonnen CO_2 und auch noch anderen Abfall wie Gips oder Schlacke. Zudem werden Abgase abgesondert, von denen sogar ein Teil radioaktiv ist. Natürlich kommen auch bei Atomkraftwerken Spuren von Radioaktivität aus den Reaktoren, aber diese können sich mit denen eines Kohlekraftwerks messen. Für die Bekämpfung des Treibhauseffekts sind somit eigentlich Kernkraftwerke geeigneter. Das stellt allerdings nicht das Problem mit den radioaktiven Abfällen der AKWs in den Schatten.

Bei der Energieversorgung sind Kohle- und Atomkraftwerke ungefähr gleichstark. Beide produzieren (wieder AKW mit einem Reaktor und Kohlekraftwerk mit vier

Blöcken) in etwa 10 Milliarden kWh pro Jahr. Dabei hat der Reaktor eine Leistung von 1400 MW und das Kohlekraftwerke eine von 2200MW. Da das AKW häufiger in Betrieb ist, gleicht sich dies wieder aus. Die Effizienz eines Kohlekraftwerks liegt bei ca. 45% und ist somit 5% höher als die des AKWs (40%).

Die Effizienz gibt an, wieviel Prozent der Energie des Brennmaterials auch wirklich genutzt wird, sprich in die Stromleitung einfließt. Dabei geht natürlich die Wärme im Kühlwasser oder die in der Luft verloren, weil diese ja nicht genutzt wird.

Aufgrund der vom Kernkraftwerk ausgehenden Gefahren „siegt" wohl das Kohlekraftwerk über das AKW. Deutschland befindet sich ja auch im Atomausstieg. Allerdings sind Kohle- und Gaskraftwerke auf Dauer auch keine Lösung, denn sie haben eben die oben genannten Probleme (die sind beim Gaskraftwerk ähnlich) und die fossilen Brennstoffe Erdöl und Erdgas (und auch Uran) werden in ein paar Jahrzehnten aufgebraucht sein. Kohlekraftwerke könnten theoretisch noch 250 Jahre in Betrieb sein, was aber nicht gut wäre. Es bleiben also nur die Kraftwerke der erneuerbaren, „abfallfreien" Energien, d. h. Sonne-, Wasser- und Windkraftwerke. Atomkraftwerke wären nur von bedeutendem Nutzen, wenn die Endlagerung kein Problem mehr darstellte und die Sicherheit in den AKWs noch weiter fortgeschritten wäre.

Kommen wir nun zu den Gefahren von Kernkraftwerken. Diese sind uns nach den Reaktorkatastrophen von Tschernobyl und Fukushima durchaus bekannt.

Ein anderes Problem, das man allerdings auch nicht außen vor lassen kann und das ebenso zu den Gefahren von AKWs gehört, ist die Endlagerung der radioaktiven Abfälle. Diese ist nämlich problematisch, da man für die Stoffe bisher noch keinen geeigneten Platz zur Endlagerung gefunden hat. Außerdem besteht das Problem, dass die strahlensicheren Behälter undicht werden und Strahlung austritt. Um dieses Problem zu lösen, bräuchte man für alle radioaktiven Abfälle ein gemeinsames, sehr sicheres Endlager – z. B. in großer Tiefe. Aber auch hier kann es über die Jahre zu Problemen kommen.

Abb. IV. 8: Eine Lagerungsstätte für radioaktive Abfälle.

Man sieht also: Das Problem der Endlagerung von radioaktiven Abfällen ist durchaus komplex und wird Wissenschaftler und Politiker noch lange beschäftigen. Außerdem ist das Problem nicht durch das Herunterfahren von allen deutschen Kernkraftwerken getilgt. In dem Fall wird zwar kein neuer Atommüll, wie die Abfälle umgangssprachlich heißen, produziert, aber dennoch gibt es inzwischen bereits sehr viel davon. Und diese Abfälle verrotten ja nicht oder werden unschädlich, sondern senden noch über Jahrtausende ihre gefährliche Strahlung aus – eine sichere Endlagerungsmethode würde die Menschen aber für eine lange Zeit (oder bestenfalls für immer) vor dieser Strahlung schützen.

Kommen wir zu den Gefahren, an die man bei dem Thema Kernkraftwerke eher denkt: Gesundheitsgefährdung und im schlimmsten Fall ein Unfall im AKW. Zuerst zu der Gefährdung durch normal ausgesandte Strahlung:

Natürlich ist der Reaktor (oder sind die Reaktoren) in einem Kernkraftwerk ummantelt, sodass nur wenig Strahlung austritt. Aber trotzdem kann Strahlung – auch bei den besten Sicherheitsmaßnahmen – nach draußen gelangen. Dennoch ist man auch in der Nähe von Kernkraftwerken relativ sicher, solange kein Störfall auftritt. Aber die gesundheitliche Beschädigung kann nicht vollständig ausgeschlossen werden, da auch geringe Strahlenmengen über die Dauer schädlich sind.

Für Mitarbeiter in einem Kernkraftwerk ist dieses Problem relevanter. Schließlich sind diese der radioaktiven Strahlung fast täglich und auch viel näher ausgesetzt. Für sie können die Strahlung und auch sonstige radioaktive Stoffe, die durch die Kernspaltung auftreten, gefährlich sein (zum Beispiel das radioaktive Gas Radon [Isotop ^{222}Ra]). Aus diesem Grund gibt es im Kernkraftwerk festgelegte Arbeitszeiten und Schutzmaßnahmen, sodass die Bestrahlung möglichst gering ist und für die Mitarbeiter keine Gefahr besteht.

Sehr viel problematischer ist allerdings, wenn es einen GAU in einem Kernkraftwerk gibt. Gau steht für **G**rößter **A**nzunehmender **U**nfall (auch worst case [engl. schlimmster Fall] genannt) und beschreibt einen schlimmen Unfall wie z. B. das Ausfallen der Kühlanlage. Hier muss dann der Spaltungsprozess heruntergefahren werden und auf Notkühlanlage gesetzt werden und schnellstens das Problem behoben werden. Wenn ein GAU noch behoben werden kann, hat er keine Folgen für die Umwelt in der Nähe des Kernkraftwerks.

Noch schlimmer als ein GAU, der noch behoben werden kann und die Umwelt nicht belastet, ist der Super-GAU. Hier passiert etwas noch Schlimmeres als ein GAU (deshalb auch „super" – im Sinne von darüber). Das kann beispielsweise eine Kernschmelze sein.

Ein Super-GAU bezeichnet somit das allerschlimmste, was bei dem Betrieb eines AKWs geschehen kann. Ein solcher Fall löste auch eine radioaktive Kontamination in der Umwelt aus, so wie in den bekannten vergangenen Fällen. Glücklicherweise kann diese Gefahr – im Gegensatz zu der des radioaktiven Abfalls – verhindert werden, wenn die Kernkraftwerke heruntergefahren werden.

Merksatz: Ein Kernkraftwerk stellt Strom her, indem es durch Wärme aus den Brennstäben Wasser erhitzt, das als Dampf eine Turbine antreibt. Man unterscheidet zwischen Druckwasser- und Siedewasserreaktoren.

Das hauptsächliche Problem von Kernkraftwerken stellt im Bereich Energiegewinnung die Endlagerung Urans dar. Zudem gehen von AKWs Gefahren wie geringe Strahlung (für in der Nähe Wohnende und Mitarbeiter) aus.

Auch die Gefahr eines GAUs (Größter Anzunehmender Unfall) besteht und im allerschlimmsten Fall die eines Super-GAUs, bei dem die Umwelt radioaktiv kontaminiert wird.

Nun haben wir uns mit den Kernkraftwerken beschäftigt; einem elementaren Thema im Bereich der Kernspaltung, da jene Kraftwerke diese Technik nutzen, um Strom zu gewinnen. Und wir haben uns zudem auch mit den Gefahren von den Kernkraftwerken befasst und einen Blick auf ihre Effizienz geworfen. Im nächsten Kapitel geht es um einen theoretischen Bereich, den der berühmte Physiker Albert Einstein erforscht hat: den Massendefekt.

IV. 5. Der Massendefekt

In diesem Kapitel beschäftigen wir uns damit, wieso das theoretische, errechnete Gewicht eines Atoms nie mit dem praktischen Gewicht übereinstimmt. Die Antwort ist natürlich der Massendefekt: Dieses Phänomen lässt einen bestimmten Anteil Gewicht in einem Atom „verschwinden", der aber in Wirklichkeit nur zu der Energie wird, die die Nukleonen im Kern des Atoms zusammenhält.

Beginnen wir hierzu mit einem Beispiel:
Berechnet man die Masse des Kerns eines Atoms vom Isotop ^{4}He (dabei addiert man das Gewicht der Protonen und der Neutronen), so erhält man ungefähr einen Wert von 4,032 u (atomare Masseneinheit). Das wirkliche Gewicht aber, das mit Hilfe von Maschinen und Rechnern genau bestimmt wurde, lautet ca. 4,002 u. Und genau an diesem Punkt tritt das weiter oben beschriebene Phänomen auf: Ein Teil der Masse existiert also gar nicht (0,030 u). Aber diese Behauptung ist eigentlich gar nicht richtig: Die Masse existiert schon – allerdings in der Form von Energie.

Um das zu erklären, muss man bei der Kernkraft anfangen. Diese Kraft hält alle Bestandteile des Atomkerns zusammen (also die Nukleonen), obwohl sich diese eigentlich abstoßen müssten. Schließlich befinden sich in den meisten Atomkernen mehrere Protonen (und zwar so viele, wie die Ordnungszahl hoch ist) und laut den Grundgesetzen der Physik stoßen sich gleich geladene Körper ab. Aber genau dies verhindert eben die Kernkraft: Sie ist die Kraft, die der Abstoßung entgegenwirkt. Diese Kraft ist sehr groß – immerhin befinden sich die Protonen mit den Neutronen in nächster Nähe im Atomkern und müssten sich folglich sehr stark abstoßen. Aber dennoch ist die Kernkraft groß genug, um diesen Prozess zu unterbinden – und das ist auch gut so: Ohne die Kernkraft gäbe es schließlich gar keine Atome, da diese Gebilde ja nur durch eben diese Kraft im Kräftegleichgewicht gehalten werden.

Dennoch erklärt das immer noch nicht, woher die Kernkraft kommt. Wir wissen aber schon, dass sie etwas mit der Masse des Atomkerns zu tun haben muss. Und hier kommt die berühmteste Formel des Wissenschaftlers Albert Einstein ins Spiel: $E = mc^2$. Doch was besagt diese

Formel eigentlich? Die Variable E steht für die Energie und die Variable m für eine Masse – zudem befindet sich auch noch die Konstante c (Lichtgeschwindigkeit) quadriert in der Formel. Gesprochen heißt die Formel also: Energie ist Masse mal Lichtgeschwindigkeit zum Quadrat. Die Formel besagt also, dass Masse in Energie umgewandelt werden kann – als Umrechnungsfaktor dient die quadrierte Lichtgeschwindigkeit.

Und genau das passiert dann auch in den Atomkernen. Hier fungiert ein Teil der Masse der Nukleonen als Energie, was laut Einsteins Formel ja nachzuvollziehen ist. Dieser geringe Teil der Masse ist also in Energie umgewandelt, sodass diese Energie der abstoßenden elektromagnetischen Kraft entgegenwirken kann und den Atomkern zusammenhält. Dabei fungiert wenig Masse als viel Energie, was sich durch den hohen Umrechnungsfaktor erklären lässt.

Dieses Phänomen wird Massendefekt genannt, da durch die Umwandlung der Masse in Energie im Atomkern ein gewisser Defekt an Masse herrscht. Die Formel für den Massendefekt im Atomkern lautet:

$$\Delta m = Z \cdot m_p + N \cdot m_n - m_K$$

Dabei ist Δm das Zeichen für den Massendefekt. Dieser berechnet sich somit aus der Ordnungszahl Z mal der Masse des Protons (m_p) addiert zu der Neutronenzahl N mal der Masse eines Neutrons (m_n), wovon die tatsächliche Kernmasse abgezogen wird. Es ist also so, wie bei dem Beispiel des Heliumatoms weiter oben. Durch dieses interessante Phänomen in den Atomkernen kommt demnach der Massendefekt und die Nukleonen zusammenhaltende Kernkraft zustande.

> **Merksatz:** Der Massendefekt kommt in allen Atomkernen vor. Es scheint dabei so, als existierte ein geringer Teil der Masse des Atoms gar nicht. Die Masse ist allerdings wie in Einsteins Formel $E = mc^2$ in Energie umgewandelt worden. Diese Energie wird Kernkraft genannt und hält die Nukleonen der Atomkerne zusammen.

In diesem Kapitel haben wir uns mit einem vorrangig theoretischen Thema befasst, das uns interessante Einblicke gegeben hat. Folgend kommen wir zu einem sehr zukünftigen Gebiet, dessen Erforschung noch nicht so weit vorangeschritten ist.

IV. 6. Die Kernfusion – eine neue Energiequelle?

In diesem Kapitel befassen wir uns mit einer ganz besonderen Kernreaktion. Diese sorgt unter anderem dafür, dass die Sonne ihre lebenswichtige Wärme und ihr Licht abstrahlt. Außerdem könnte diese Kernreaktion, wenn man sie richtig einsetzte, als Energiequelle genutzt werden.

Was also passiert bei dieser Reaktion? Unter einer Kernfusion versteht man generell die Fusion, also die Verschmelzung, zweier Atomkerne. Somit war die von Rutherford erzeugte Umwandlung von Stickstoff in Sauerstoff mit Hilfe eines Heliumatomkerns im Prinzip auch eine Kernfusion. Aber in der Sonne passieren ständig Millionen von Kernfusionen. Hierbei wird der Wasserstoff, aus dem die Sonne zu über 90% besteht, in Helium umgewandelt. Schauen wir uns diesen Vorgang – also die Fusion in den Sternen (auch stellare Fusion genannt) – einmal genauer an, da er ein typisches Beispiel für eine Kernfusion ist.

Die Sonne besteht, wie schon gesagt, zu einem großen Teil aus Wasserstoff, aber auch zu einem kleineren Teil aus Helium (und zu sehr kleinen Teilen aus Sauerstoff, Stickstoff und Kohlenstoff). Der Wasserstoff wird im Laufe der Zeit in Helium umgewandelt. Dieser Vorgang wird noch über einige Milliarden Jahre so weiterlaufen. Danach wird sich in der Sonne viel mehr Helium befinden und sie wird explodieren und danach in sich zusammenschrumpfen, was das Ende für alles Leben auf der Erde bedeuten wird.

Jedenfalls ist diese Umwandlung des Wasserstoffs in Helium sehr wichtig für die Erde, denn nur durch die dabei freigesetzte Wärme und das dabei freigesetzte Licht existiert überhaupt Leben auf der Erde. Wenn man nun diese Fusion nachvollziehen will, denkt man sich wohl zuerst, dass zwei Wasserstoffatome miteinander fusionieren und dabei dann ein Heliumatom entsteht. Allerdings besteht ein Wasserstoffatom ja aus einem Proton und einem Elektron (zumindest der „normale" Wasserstoff; Deuterium (^2_1D) und Tritium (^3_1T) besitzen zusätzlich noch ein bzw. zwei Neutronen).

Wenn zwei Wasserstoffatome nun also fusionieren, hätte man dann logischerweise ein Heliumatom mit nur zwei Protonen. Solches Helium befindet sich aber nicht in der Sonne und die Fusion wäre auch ganz anders abgelaufen. So einfach ist es also nicht. In der Tat braucht es mehrere Fusionsabläufe bis man zu dem Heliumisotop ^4_2He kommt. Am Anfang reagieren natürlich zwei Wasserstoffatome mit einander. Bei dieser Reaktion wird ein Positron ausgesandt und ein Neutrino. Ein Neutrino ist wie die Quarks und das Elektron ein Elementarteilchen und ein Positron das Antiteilchen zum Elektron und somit auch ein Elementarteilchen (siehe Kapitel II. 5: Elementarteilchen). Jedenfalls wird bei der Reaktion der beiden Protonen eines zu einem Neutron, da sich durch die Emittierung der Elementarteilchen die Bestandteile des Protons verändert haben. Der Atomkern besteht nun aus einem Proton und einem Neutron und gehört so dem zweiten Isotop des Wasserstoffs an, also dem Deuterium oder auch schweren Wasserstoff (^2_1D).

So entstehen im Inneren des Sterns immer mehr Deuterium-Atome. Diese Atome reagieren aber auch mit den Wasserstoff-Atomen, von denen es so viele in den Sternen gibt, da diese die einfachste Form eines Atoms sind. Bei dieser Reaktion wird dann, wenn wir zu dem Endprodukt Helium kommen wollen, das Proton und das Elektron des Wasserstoffatoms von dem Deuterium-Atom aufgenommen. Dabei wird natürlich, wie auch schon bei der vorherigen Reaktion, viel Energie freigesetzt, die dann in Form von Wärme aus der Sonne oder dem Stern entweicht. Außerdem wird Gammastrahlung emittiert.

Das Atom besteht nun aus zwei Protonen und gehört somit aufgrund seiner Ordnungszahl zum Element Helium. Allerdings ist es kein natürliches Heliumisotop, da es nur ein Neutron besitzt und das am häufigste Heliumisotop eigentlich aus zwei Protonen, zwei Neutronen und zwei Elektronen besteht (^4_2He).

Somit ist noch eine Reaktion nötig: und zwar mit einem weiteren Heliumatom des Nuklids ^3_2He. Dieses Heliumatom hat auch dieselben Reaktionen „durchlebt" wie das Atom, das wir verfolgt haben. Nun reagieren diese beiden Atome miteinander. Dabei gibt es allerdings zwei Protonen zu viel, da Helium ja nur zwei besitzt und vier Protonen zu Verfügung stehen. Somit werden bei der Reaktion zwei Protonen (und ferner auch zwei Elektronen, wenn man die Atomhüllen beachtet) abgestoßen. Auch bei dieser Reaktion wird viel Energie freigesetzt und das Endprodukt ist schließlich das Heliumisotop ^4_2He.

Es sind also fünf Reaktionen nötig, um zu diesem Ergebnis zu gelangen. Bei all diesen Vorgängen wird enorm viel Energie emittiert und es ist sogar so viel, dass diese Energie uns auf der Erde noch zu einem Bruchteil erreicht, obwohl zwischen der Sonne und der Erde eine Entfernung von 150 Millionen km ist. Dabei ist natürlich anzumerken, dass in einem Stern nicht alle Reaktionen so ablaufen wie hier dargestellt. Die Bildung von Helium kann auch auf anderen Wegen geschehen, es können noch ganz andere Produkte als Helium entstehen und das Helium selbst kann ebenfalls reagieren (passiert aber in den frühen Jahren eines Sterns selten, da Helium eine hohe Bindungsenergie hat). In einem Stern entstehen in seinem späteren Leben schwerere Element mit höheren Ordnungszahlen. Zusammenfassend herrscht also ein „Durcheinander" in einem Stern.

Man kann sich jetzt auch fragen, wieso diese Atome eigentlich miteinander reagieren. Immerhin sind Wasserstoffkerne doch positiv geladen und sollten sich eigentlich abstoßen. Hier kommt nun ein interessanter physikalischer Effekt ins Spiel: der Tunneleffekt.

Dieser besagt, dass ein Teilchen die abstoßende Barriere zwischen zwei gleich geladenen Teilchen „durchtunneln" kann. Diese Barriere wird auch Coulombwall oder Coulombbarriere genannt (zu Ehren des französischen Physikers Charles Augustin de Coulomb [1736 – 1806]). Für die Durchtunnelung wäre eigentlich mehr Energie notwendig, aber der Tunneleffekt besagt, dass unter Umständen das Teilchen dies auch mit weniger Energie schaffen kann (dabei wird die Barriere sozusagen durchtunnelt – daher der Name). Das Durchtunneln wäre laut der klassischen Physik gar nicht möglich, die Theorien der Quantenmechanik erlauben es jedoch.

Und das passiert auch bei der Kernfusion. Hier erreichen

sich die Protonen nur deshalb, da sie auf diese Weise den Coulombwall überwinden.

Auch bei dem Alphazerfall gibt es dieses Phänomen – nur andersherum. Das Alphateilchen könnte den Atomkern eigentlich nicht aufgrund der es bindenden Kernkraft verlassen, aber auch hier ist laut der Quantenmechanik eine Durchtunnelung möglich.

Soweit zu diesem interessanten Phänomen.

Es gibt allerdings auch noch andere Arten der Kernfusion – nicht nur die stellare. Es können, wie weiter oben genannt (Beispiel Stickstoff), ebenso andere Atome miteinander fusionieren.

Seit 1960 gibt es nun schon den Gedanken, die Kernfusion nicht nur für Forschungszwecke, sondern auch aus wirtschaftlicher Sicht zu betreiben. Schließlich wird bei einer Fusion zweier Atome sehr viel Energie freigesetzt. Diese Energie könnte man prinzipiell wie bei einem Kernkraftwerk nutzen. Allerdings ist es wesentlich schwerer, eine Kernfusion zu erzeugen, als eine Kernspaltung. Immerhin wurde das erste Atomkraftwerk 1964 erbaut und die Forschung an einem Fusionsreaktor läuft bis heute noch.

Die Idee eines solchen Reaktors ist es, den in der Sonne stattfindenden Vorgang in kleinerer Dimension nachzuahmen. Das führt natürlich Probleme mit sich: Immerhin herrschen in der Sonne enorme Bedingungen. In den heutigen Versionen von Kernreaktoren befindet sich der Brennstoff, meist Deuterium oder Tritium, in einem Magnetfeld. Dieses hindert den Wasserstoff daran, die kreisförmige Röhre (das Herzstück des Reaktors) zu verlassen. Dabei wird dieser auf bis zu 150 Millionen Grad Celsius erhitzt (Vergleich Sonne: 15 Millionen Grad). In diesem Zustand wird der Wasserstoff zu Plasma und extrem leitend. So könnte eine Kernfusion erzeugt werden. Dennoch sind die Reaktoren von geringer Größe und eignen sich sicherlich nicht als Stromerzeugen, sondern vielmehr zur Forschung.

Dabei gibt es zwei verschiedene Typen von Kernfusionsreaktoren: Den Tokamak und den Stellarator. Der Unterschied zwischen beiden besteht darin, dass im Stellarator im Gegensatz zu dem Tokamak der Wasserstoff von helikalen Magnetfeldlinien in seiner Bahn gehalten wird, anstatt (so ist es beim Tokamak) sich in einer geraden Bahn zu befinden. Die Funktionsweise ist aber prinzipiell ähnlich.

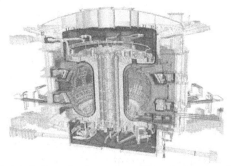

Abb. IV. 9: Der Aufbau eines Kernfusionsreaktors (Tokamak).

Wie gesagt, ist der Betrieb eines Fusionsreaktors heutzutage noch nicht wirtschaftlich genug, sodass keine Firma bisher dergleichen versucht hat. Dennoch ist die Idee gar nicht schlecht: Ein Fusionsreaktor hätte genau wie ein Kernkraftwerk keinen CO_2-Ausstoß, was ihm einen Vorteil gegenüber den Kohle- und Erdgaskraftwerken einbrächte, die zurzeit unsere Hauptlieferanten von Strom sind (natürlich gibt es auch noch die auf erneuerbaren Energien [Wasser, Sonne, Wind] basierenden Kraftwerke). Außerdem wäre hier das Gefahrenrisiko wohl, wenn die Technologie vollständig ausgereift ist, geringer als bei einem Kernkraftwerk.

Ein solches Kraftwerk bräuchte vor der Inbetriebnahme

eine einmalige Lieferung von dem Brennstoff, der entweder Tritium oder Deuterium ist - danach wäre die Versorgung des Reaktors vorraussichtlich relativ einfach. Allerdings ist es bis dahin noch ein weiter Weg. Die heutigen Fusionsreaktoren – also Tokamaks und Stellaratoren – sind für einen kleinen Umfang konzipiert. Außerdem müsste die bei der Kernfusion freigesetzte Energie richtig genutzt werden – so wie in einem Kernkraftwerk. Um das zu bewerkstelligen, bräuchte man aber wesentlich größere Reaktoren. Zudem ist die Entwicklung von Fusionsreaktoren und natürlich auch das Bauen dieser sehr teuer. Ein stromliefernder Fusionsreaktor ist also sowohl eine wissenschaftliche, als auch eine finanzielle Herausforderung.

Ein bekannter Kernfusionsreaktor ist übrigens ITER (International Thermonuclear Experimental Reactor – lateinisch steht iter auch für Weg oder Reise); er ist ein von 35 Nationen unterstützter Kernfusionsreaktor, an dem seit 2007 gebaut wird. Er steht im französischem Kernforschungszentrum Cadarache. Dieser sich noch im Bau befindende Reaktor (geplante Fertigstellung 2025) ist zur aktuellen Zeit betrachtet sehr fortschrittlich und mit ihm können wohl in Zukunft viele interessante Kenntnisse auf dem Gebiet erworben werden.

Im Dezember 2015 ist es im Reaktor Wendelstein 7-X im deutschen Greifswald erstmals gelungen, ein Plasma aus Helium zu erzeugen. Dies ist sicher ein bedeutender Schritt in der Forschung zu Kernfusionsreaktoren. Allerding ist die wirtschaftliche Nutzung laut Experten noch weit entfernt. Man bezweifelt, dass die Inbetriebnahme sich vor dem Jahr 2050 lohnte. Vermutlich dauert es sogar noch länger, bis die Menschheit diese fortschrittliche Energiequelle nutzen kann.

Merksatz: Die Kernfusion bezeichnet im Wesentlichen das Verbinden zweier Atome zu einem größeren. Ein Beispiel dazu ist die stellare Kernfusion, bei der in verschiedenen Fusionen aus Wasserstoffatomen ein Heliumatom wird. Dieser Vorgang passiert auch in der Sonne.

Bevor es zu einer Kernfusion kommen kann, muss ein Kern die abstoßende Barriere (Coulombwall/Coulombbarriere) des anderen Kerns überwinden. Das ist nur in der Quantenphysik mit Hilfe des sogenannten Tunneleffekts möglich.

Die Kernfusion könnte in einigen Jahrzehnten zur Energiegewinnung in Kernfusionsreaktoren (Bsp.: ITER, Wendelstein 7-X) genutzt werden. Man unterscheidet bei den Reaktoren zwischen Tokamaks und Stellaratoren.

In diesem Kapitel haben wir uns mit einer interessanten Reaktion zweier Atome – der Kernfusion – beschäftigt. Außerdem haben wir erfahren, dass durch diese Reaktion Energie erzeugt werden und somit zur Stromversorgung genutzt werden kann. Dieses Kapitel ist der Abschluss des Hauptkapitels der Kernspaltung (wobei die Kernfusion natürlich eine Kernreaktion, aber keine Kernspaltung ist).

In dem letzten Hauptkapitel über die Kernspaltung haben wir viel Interessantes und Zukunftsweisendes erfahren (von Atomkraftwerken bis hin zu Kernfusionsreaktoren). Schließlich sind die Kernspaltung und auch die Kernfusion wesentliche Themen, wenn man sich mit der Kernphysik beschäftigt.

V. Nachwort

Nun ist auch das letzte Hauptkapitel zu Ende. Und gerade am letzten Kapitel, das sich mit der Kernfusion beschäftigt, kann man nochmals gut sehen, dass die Kernphysik in dem Punkt Energieversorgung für uns von elementarer Bedeutung ist. Schließlich ist es gut möglich, dass in einigen Jahrzehnten unser Strom zu einem Großteil in Kernfusionsreaktoren erzeugt wird. Dies ist momentan nicht möglich, aber mit einem höheren Wissensstand sollte die Menschheit durchaus dazu fähig sein, die Energie der Kernfusion effektiver zu nutzen.

Doch auch heutzutage nutzen wir bereits die Energie der Kernkraftwerke – obwohl Deutschland sich aufgrund der schon genannten Probleme im Atomausstieg befindet (allerdings werden andere Länder weiterhin auf Kernenergie setzen). Aber letztendlich wäre die Kernspaltung – ohne jene Probleme – eine effektive Stromquelle. Zusammenfassend stellen die kernphysikalischen Vorgänge aufgrund der großen darin beteiligten Energie eine gute Versorgungsquelle für die Menschheit da – bis dies aber sicher und effektiv genutzt werden kann, vergeht wohl noch Zeit.

Auch in der Nuklearmedizin ist die Kernphysik, wie der Name schon sagt, nicht unbedeutend. Nur durch kernphysikalische Verfahren können die Geräte ihren Zweck erfüllen. Und schließlich haben die Diagnostik- und Therapiemethoden nicht wenigen Menschen das Leben gerettet.

Letztendlich ist die Kernphysik auch eine interessante Wissenschaft. Sie ermöglicht es uns, die Materie, aus der alles besteht, besser zu verstehen. Selbst die alten Griechen haben sich schon Gedanken darüber gemacht (Leukipp und Demokrit). Im Verlauf der Zeit hat sich diese Wissenschaft immer weiter entwickelt – heutzutage wissen wir über vieles Bescheid, was vor einigen Jahrzehnten noch nicht bekannt war. Das alles haben wir den Wissenschaftlern und ihren Forschungen und Konstruktionen (z. B. der Teilchenbeschleuniger) zu verdanken. Dadurch haben wir heute eine ganz andere Sicht von der Welt als vor Jahrzehnten oder Jahrhunderten. Und sicherlich ist die Forschung auf diesem Gebiet noch nicht zu Ende. Es wird also auch in Zukunft weitere Entdeckungen geben, die unser heutiges Bild verändern werden.

Zusammenfassend lässt sich die Kernphysik, wie viele Bereiche der modernen Physik, als eine Wissenschaft im stetigen Wandel beschreiben, die auch effektiv in modernen Technologien genutzt werden kann und deren Erforschung noch längst nicht zu Ende ist.

Formelsammlung

Teilchen (Auswahl):

Name	Erklärung
Atom	Gebilde aus Kern (mit Nukleonen) und Hülle (mit Elektronen)
Proton (p⁺)	Nukleon; positive Ladung; Zusammensetzung: uud
Neutron (n)	Nukleon; keine Ladung; Zusammensetzung: udd
Elektron (e⁻)	Lepton; negative Ladung
Quarks	Elementarteilchen; Unterteilung in Up-, Down-, Strange-, Charme-, Top- und Bottom-Quarks
Leptonen	Elementarteilchen; Unterteilung in Elektronen; Elektron-Neutrinos; Myonen; Myon-Neutrinos; Tauonen; Tauon-Neutrinos
Eichbosonen	Elementarteilchen; Unterteilung in Photonen, Gluonen, Z-Bosonen und W-Bosonen

Atomkern

Name	Zeichen	Berechnung
Massenzahl	A	$= Z + N$
Kernladungszahl	Z	$= A - N$
Neutronenzahl	N	$= A - Z$

Strahlungsarten

Name	Zusammensetzung	Ladung
α-Strahlung	Alphateilchen, Heliumatomkern	+2 e
β⁺-Strahlung	Positron	+1 e
β⁻-Strahlung	Elektron	−1 e
γ-Strahlung	Elektronmagnetische Strahlung	keine Ladung

Größen zur Strahlungsmessung

Größe	Formel-zeichen	Einheit	Berechnung
Aktivität	A	Becquerel	$= \Delta N / \Delta t$
Energiedosis	D	Gray	$= E / m$
Äquivalentdosis	H	Sievert	$= D \cdot Q$

Weitere Formeln

Relative Atommasse A_r	$A_r = m_a / u$	Atommasse / atomare Masseneinheit
Atomare Masseneinheit u	$1\,u = 1/12$ $m_a\,(^{12}_{6}C)$	1/12 der Atommasse des Nuklids $^{12}_{6}C$
Kernbindungsenergie E_B	$E_B = \Delta m \cdot c^2$	Massendefekt · Lichtgeschwindigkeit zum Quadrat
Massendefekt Δm	$\Delta m = (Z \cdot m_p$ $+ N \cdot m_n)$ $- m_k$	(Kernladungszahl · Masse des Protons + Neutronenzahl · Masse des Neutrons) - Gesamtmasse des Kerns

Bildnachweis

2.Kapitel:
Abb. II. 1: http://www.pizaazz.com/wp-content/uploads/
2008/10/atom.jpg; Abb. II. 2: http://1.bp.blogspot.com/
_EnqmSS0duHA/TK5XcHF4vHI/AAAAAAAAAAs/yXWlPWIysvI/
s1600/gw3512,1262037475,atom.jpg; Abb. II. 3: http://
www.schulebw.de/unterricht/faecher/chemie/material/unter/
atomb_pics/Elementarteilchen.jpg; Abb. II. 4: http://
www.ipf.uni-stuttgart.de/ lehre/online-skript/hatom/
thomson.gif; Abb. II. 5: www.idi.uni-bremen.de/
chemiedidaktik/ material/Teilchen/teilchen/Atombau/
Goldfolie.jpg; Abb. II. 6: chemglobe.org/static/img-ptoe/
periodic-de.png; Abb. II. 8: nach Vorlage von: de.wikipedia.org/
wiki/Lepton#mediaviewer/
Datei:Standard_Model_of_Elementary_Particles-de.svg;
Abb. II. 9: http://www.schule-http://pauli.uni-muenster.de/
menu/Arbeitsgebiete/QFT/Elektron-Quark.jpg

3. Kapitel:
Abb. III. 1: http://static.cosmiq.de/data/de/76f/54/
76f54e500548180c6a1fc5d51459a161_1_orig.jpg; Abb. III. 2:
https://upload.wikimedia.org/ wikipedia/ commons/thumb/a/
a6/Periodic_table%2C_good_SVG.svg/
1176px-Periodic_table%2C_good_SVG.svg.png; Abb. III. 3:
https://lexxreloaded.files.wordpress.com/2012/03/
alphastrahlung.jpg; Abb. III. 4: http://www.niewiederakw.ch/
xs_daten/_Betastrahlung.JPG; Abb. III. 5: http://
elsenbruch.info/ph13_down/reichwei.gif; Abb. III. 6: http://
j-schoenen.de; Abb. III. 7: http://www.desy.de/~mpybar/
PETRA_HERA.jpg; Abb. III. 8: http://www.ep.ph.bham.ac.uk/
DiscoveringParticles/lhc/collider/images/
lhc-machine-large.jpg; Abb. III. 9: nach Vorlage von: http://
de.wikipedia.org/wiki/Qualitätsfaktor; Abb. III. 12: https://
de.wikipedia.org/wiki/Uran-Actinium-Reihe; Abb. III. 13:
https://de.wikipedia.org/wiki/Uran-Radium-Reihe; Abb. III. 14:
https://de.wikipedia.org/wiki/Thorium-Reihe; Abb. III. 15:
https://de.wikipedia.org/wiki/Neptunium-Reihe; Abb. III. 16:
http://www.mineralium.com/Media/Shop/

gamma-scout-zgg-001-small.jpg; Abb. III. 17: https://
upload.wikimedia.org/wikipedia/commons/thumb/7/77/
DESYNebelkammer.jpg/220px-DESYNebelkammer.jpg;
Abb. III. 18: http://www.leifiphysik.de/sites/default/files/
medien/diagr01_radioaktiveinf_aus.gif; Abb. III. 19: http://
www.allmystery.de/i/tsgL8Ow_Strahlenexposar.png; Abb. III.
20: http://www.pius-hospital.de/_img/
content_03_01_07_07-02.jpg

4. Kapitel:
Abb. IV. 1: http://www.planetschule.de/fileadmin/
dam_media swr/tschernobyl/img/
kern_modell_kernspaltung.jpg; Abb. IV. 2: http://
referate.mezdata.de/sj2010/
atomkraftwerke_jens-kilian_herhoffer/res-wikipedia/
kernspaltung.jpg; Abb. IV. 3: http://images.tutorvista.com/
cms/images/95/uncontrolled-fission.jpeg; Abb. IV. 4: http://
tw.strahlen.org/fotoatlas/Uraninite_Uraninit_5.jpg; Abb. IV. 5:
http://periodictable.com/Samples/094.3/s13.JPG; Abb. IV. 6:
http://upload.wikimedia.org/wikipedia/commons/8/8d/
Nuclear_Power_Plant_-_Grohnde_-_Germany_-_1-2.JPG;
Abb. IV. 7: http://www.beck-kabelkonfektion.de/fileadmin/
templates/bkg_fachbeitrag/; Abb. IV. 8: http://
www.final-frontier.ch/wp-content/uploads/atommuell.jpg;
Abb. IV. 9: https://www.iter.org/doc/all/content/com/
img_galleries/Tokamak.jpg

Literaturverzeichnis

Die nachfolgenden Werke dienten – neben Internetquellen wie Wikipedia – als Hintergrundwissen und/oder stellen für interessierte Leser/innen eine Sammlung weiterführender Literatur zur Kernphysik und auch zur allgemeinen Physik dar.

Appel, Thomas; Glas, Gerhard; Langer, Michael; Schröder, Jürgen; Serret, Rainer: Spektrum Physik 2 Hessen, Braunschweig, 2012

Bahr, Benjamin; Resag, Jörg; Riebe, Kristin: Faszinierende Physik – Ein bebilderter Streifzug vom Universum bis in die Welt der Elementarteilchen, Berlin, 2014

Berger, Christoph: Elementarteilchenphysik, Berlin, 2014

Bethge, Klaus; Walter, Gertrud; Wiedemann, Bernhard: Kernphysik – Eine Einführung, Berlin, 2008

Bleck-Neuhaus, Jörn: Elementare Teilchen, Berlin, 2012

Bröcker, Bernhard: dtv-Atlas zur Atomphysik, München, 1989

Cheers, Gordon (Hrsg.): Die Welt der Wissenschaft, Potsdam, 2011

Diehl, Bardo; Erb, Roger; Linder, Klaus; Schmalhofer, Claus; Schön, Lutz-Helmut; Tillmanns, Peter; Winter, Rolf: Physik Oberstufe Gesamtband, Berlin, 2008

Dorn, Friedrich; Bader, Franz: Physik 12/13 Gymnasium Sek II, Hannover, 2000

Dorn, Friedrich; Bader, Franz: Physik Grundkursband 12/13, Hannover, 1976

Erbrecht, Rüdiger; Felsch, Matthias; König, Hubert; Kricke, Wolfgang u.a.: Das große Tafelwerk interaktiv, Berlin, 2013

Gray, Theodore: Die Elemente – Bausteine unserer Welt, New York, 2009

Haken, Hermann; Wolf, Hans: Atom- und Quantenphysik, Berlin, 2003

Heppmann, Bernd; Muckenfuß, Heinz; Schröder, Wilhelm; Stiegler, Leonhard: CVK Physik für die Sekundarstufe I, Berlin, 1992

Hertel, Ingolf; Schulz, Claus-Peter: Atome, Moleküle und optische Physik 1, Berlin, 2008

Höfling, Oskar: Physik allgemein, Bremen, 2014

Kuchling, Horst: Taschenbuch der Physik, München, 2014

Mayer-Kuckuk, Theo: Kernphysik – Eine Einführung, Wiesbaden, 2002

Meyer, Lothar; Schmidt, Gerd-Dietrich (Hrsg.): Duden – Basiswissen Schule Physik, Berlin, 2010

Pickover, Clifford: Das Physikbuch, Kerkdriel, 2014

Povh, Bogdan; Rith, Klaus; Scholz, Christoph; Zetsche, Frank; Rodejohann, Werner: Teilchen und Kerne – Eine Einführung in die physikalischen Konzepte, Berlin, 2013